NEW AGE

Buch

Die Meduse ist eine winzige Qualle, die auf dem Bauch einer Seeschnecke lebt. Diese beiden Organismen können nur durch ihr Zusammenleben überleben. Welche Selbstlosigkeit! „Beim Gedanken an diese Wesen beschleicht mich ein merkwürdiges Gefühl. Die Sache ist grotesk und einmalig. Und zugleich erinnert sie mich, wie bei einem vagen Traum, an die Erde in ihrer Gesamtheit." Leser und Bewunderer des Autors werden nicht überrascht sein, in Verbindung gebracht zu werden mit dem Schicksal der Meduse und der Schnecke. Es gehört zu einer von Lewis Thomas' genialen Qualitäten, daß er schier Unvergleichliches in Vergleich setzt mit den ewigen Regeln von Leben und Tod. Die vorliegenden „Betrachtungen eines Biologen" erweitern die Entdeckungen über den Mensch und seine Welt, an die sich die Leser von Thomas' erstem Buch „Das Leben überlebt – Geheimnis der Zellen" erinnern werden. In seinen neuen Betrachtungen schreibt Thomas über die menschliche Genialität, Fehler machen zu können, über Krankheit und natürlichen Tod, über den geklonten Menschen, über Warzen – und über Montaigne. Es ist auch nicht überraschend, daß Thomas, einer der namhaftesten amerikanischen Mediziner, das moderne Gesundheitssystem attackiert. Sein Schlußkapitel „Medizinische Lehren der Geschichte" sollte Pflichtlektüre sein.

Autor

Lewis Thomas, geboren 1913, Mediziner und Biologe, ist Präsident des Memorial Sloan Kettering Cancer Center in New York, einer der renommiertesten Krebsforschungsstätten der Welt. Er wurde mit dem amerikanischen National Book Award ausgezeichnet.

Im Goldmann Verlag ist von Lewis Thomas in der Reihe NEW AGE – MODELLE FÜR MORGEN bereits erschienen:

Das Leben überlebt
Geheimnis der Zellen · 14006

LEWIS THOMAS

DIE MEDUSE UND DIE SCHNECKE

Gedanken eines Biologen über die Mysterien von Mensch und Tier

GOLDMANN VERLAG

Aus dem Amerikanischen übertragen von Walter Theimer
Titel der Originalausgabe: The Medusa and The Snail,
More Notes of a Biology Watcher
Originalverlag: The Viking Press Inc., New York

Made in Germany · 8/85 · 1. Auflage
Genehmigte Taschenbuchausgabe

First published 1979 by The Viking Press, New York

Umschlaggestaltung: Design Team München
Umschlagfoto: Design Team München
Druck: Elsnerdruck GmbH, Berlin
Verlagsnummer: 14012
Lektorat: Sybille Terrahe / Peter Wilfert
Herstellung: Gisela Ernst
ISBN 3-442-14012-9

Für Beryl in Liebe

Inhalt

Die Meduse und die Schnecke

Wir sind nie so selbstbewußt gewesen wie heute. Die Illustrierten sind voll von Ratschlägen, was man mit sich selbst tun kann: wie man sein eigenes Ich findet, identifiziert, nährt, schützt, bei besonderen Anlässen wie dem Wochenende sogar zeitweise verliert. Es gibt Bestseller über Selbstverwirklichung, Selbsthilfe und Selbstentwicklung. Leute mit Selbstachtung halten für viel Geld dreitägige Gruppensitzungen ab, um sich ihrer selbst bewußt zu werden. Es gibt Kollegien über Selbsterleuchtung.

Man möchte meinen, daß man erst jetzt das Ich entdeckt hat. Man hat schon immer geargwöhnt, daß etwas Lebendes drinsteckt, sich überall herumtreibt, gesondert von allem anderen, absolut individuell und unabhängig. Jetzt hat man ihm einen Namen gegeben. Jetzt gibt es das Ich-selbst.

Es ist ein interessantes Wort, vor sehr langer Zeit mit einem zweideutigen Inhalt gebildet. Die Wurzel hieß *se* oder *seu,* einfach ein Pronomen der dritten Person. Die davon abgeleiteten Worte spielten auf Verwandtschaft an und auf enge Freunde. *Se* konnte aber auch etwas Abgesondertes, Außenstehendes bedeuten, wie man noch an »separat« und »Sekretion« merken kann. Über eine erweiterte Wurzel *swedh* kam es ins Griechische und wurde *ethnos,* Volk, was nichts anderes bedeutet als »Eigene«, Leute von der gleichen Art. Die Sitten solcher Leute wurden *ethos* genannt. »Ethik« bedeutet das Verhalten von Leuten, die so sind wie wir selbst.

Wir halten unsere Individualität für eine einzigartige Schöpfung der Natur, aber das stimmt nicht. Die Einzigartigkeit ist eine Eigenschaft aller Lebewesen und es ist nichts Einzigartiges an ihr. Schließlich kann ein Phänomen nicht zugleich einzigartig und universell sein. Einzelne freischwimmende Bakterien können als einmalige Erscheinungen angesehen werden, persönlich voneinander zu unterscheiden, auch wenn sie demselben Klon angehören. Unlängst haben die Forscher Spudich und Koshland berichtet, daß bewegliche Mikroorganismen der gleichen Art in ihrem Schwimmverhalten geradezu exzentrisch solitär sind. Auf der Suche nach Nahrung bewegen sich die einen genau soundsoviel Sekunden in einer Richtung, dann biegen sie ab, die anderen bewegen sich anders und eine andere, charakteristische Zahl von Sekunden lang. Man kann sie mit ihren Geisseln an der Oberfläche eines mit Antikörpern bedeckten Objektträgers fixieren. Dann kann man jedes einzelne vom anderen durch die Art des Zappelns unterscheiden, so genau, als ob sie Namensschilder trügen.

Bohnen tragen persönliche Etikette, die sie so markieren, wie der persönliche Geruch eine Maus markiert. Die Etikette sind Glykoproteine, Verbindungen von Eiweiß und Zucker. Sie heißen Lektine. Sie haben vermutlich etwas mit der intimen Verbindung zwischen der Bohne und den stickstoffbindenden Bakterien in ihren Wurzelknöllchen zu tun; diese Bakterien leben wie ein Teil der Pflanze. Das Lektin einer Bohnensorte hat eine besondere Affinität zu den Oberflächen des Bakterienstamms, der die betreffende Bohnensorte besiedelt, aber nicht für Bakterien aus anderen Bohnentypen. Das System ist auf exklusive Partnerschaft berechnet. Ein gewisser Snobismus, aber er hält die Natur zusammen.

Die Korallenpolypen sind sich ihrer biologischen Eigenart wohl bewußt. Bringt man Polypen aus derselben Stammlinie in Berührung miteinander, so verschmelzen sie zu einem einzigen Polypen. Wenn die Linien verschieden sind, lehnen sie einander ab.

Fische erkennen einander individuell am persönlichen Geruch. Die Mäuse tun das auch. Die Fähigkeit zur geruchlichen Unterscheidung hat ihren genetischen Sitz an demselben Locus H 2, der die Gene für immunologische Selbstmarkierung beherbergt.

Die einzigen Organismen, die kein Privatgefühl haben, sind kernhaltige Zellen, die man aus einem Lebewesen entfernt und in einer Schale isoliert hat. Unter geeigneten Bedingungen verschmelzen zwei so grundverschiedene Zellen wie eine Hefezelle und ein rotes Blutkörperchen von einem Huhn. Auch ihre Kerne vereinigen sich, die Kreuzung teilt sich sogar. Isolierte Zellen haben keine Selbstachtung und kein Selbstgefühl.

Die Selbstmarkierung gilt ebenso wie der Erkennungsmechanismus für diese Marken der Erhaltung der Individualität, damit jedes Wesen sich selbst gegen alle anderen verteidigen kann. Die Eigenart dient also der Selbsterhaltung.

Das stimmt aber nicht ganz. Wirbellose Tiere im Meer müssen die Selbstmarkierung entwickelt haben, lange ehe die Evolution bis zu uns kam. Die Markierung diente nicht der Verteidigung oder dem Raub, sondern der Auffindung eines Symbionten zwecks Zusammenlebens. Die Seeanemonen, die auf den Schalen von Krebsen leben, sind höchst wählerisch — die Krebse sind es nicht minder. Nur eine einzige Art Anemone findet den Weg zu einer bestimmten Art Krebs. Sie haben ein exquisites Gefühl füreinander und leben zusammen, als wären sie füreinander geschaffen.

Manchmal geht die Vermengung der Individualitäten so weit, daß zwei Wesen unter der gegenseitigen Anziehung molekularer Merkmale ihre beiden Persönlichkeiten zu einem einzigen Organismus vereinigen. Die beste Geschichte darüber, die ich gehört habe, ist der Fall der Nacktschnecke und der Meduse in der Bucht von Neapel. Als man sie entdeckte, trug die zu den gewöhnlichen Meeresschnecken gehörige Nacktschnecke einen winzigen Parasiten mit sich herum. Er hatte die Gestalt einer Qualle und saß an der Unterseite der Schnecke nahe der Mundöffnung. Wie war diese Meduse dahingekommen? Die Seebiologen durchsuchten die örtlichen Gewässer nach Vorformen der Qualle und stießen auf ein höchst merkwürdiges Phänomen. Der an der Schnecke sitzende Parasit, der sich anscheinend auf ein unselbständiges Leben spezialisiert hat, ist noch vermehrungsfähig. Seine Nachkommenschaft findet sich zu bestimmten Zeiten in Massen. Die Quällchen treiben in den oberen Schichten des Meeres, wachsen normal heran, bis sie richtige, hübsche, normale Quallen von der üblichen Größe sind.

Inzwischen bringt die Schnecke ihre Larven hervor, die ebenfalls normal zu wachsen beginnen, aber nicht lange. Solange sie noch ganz klein sind, fängt sie die Meduse in ihren Fangarmen und steckt sie in ihren regenschirmartigen Körper. Man würde zunächst meinen, daß die Medusen bloß Räuber sind, die sich für die frühere Erniedrigung revanchieren, und die Schnecke nur ihre Beute ist. Aber nein. Die Schnecken werden nicht verdaut, sondern fressen ihrerseits unersättlich an der Wirtsqualle. Erst knabbern sie die radialen Kanäle ab, dann den Quallenrand und schließlich die Fangarme. Die Qualle wird immer kleiner, während die Schnecken entsprechend wachsen. Zum Schluß ist das Bühnenbild dasselbe wie im ersten Akt; die ausgewachsene Nacktschnecke sitzt gemütlich da, während von der Qualle nichts übrig ist als der runde, erfolgreich umgebaute Parasit, der vorne unten an der Mundöffnung klebt.

Eine verwickelte Geschichte, die schwer zu durchschauen ist. Beide Wesen sind für ihre Begegnung konstruiert, als Persönlichkeiten markiert, damit sie einander in den Gewässern der Bucht von Neapel finden können. Die Zusammenarbeit, wenn man es so nennen will, ist ganz spezifisch. Nur diese Art Meduse und nur diese Art Nacktschnecke können zusammenkommen und auf die beschriebene Art leben. Noch merkwürdiger ist es, daß sie auf keine andere Art leben können. Sie sind voneinander abhängig. Sie sind eigentlich nicht sie selbst, sondern etwas spezifisch anderes.

Beim Gedanken an diese Wesen beschleicht mich ein merkwürdiges Gefühl. Sie erinnern mich an nichts anderes. Von so einem Lebenszyklus habe ich noch nie gehört. Die Sache ist grotesk und einmalig. Gleichzeitig aber erinnert sie mich irgendwie doch an etwas: an die Erde als Ganzes. Es ist wie ein schwach erinnerter Traum. Ich kann mein Hirn nicht dazu bringen, stillzustehen und die Sache durchzudenken.

Der Zoo in Tucson

Die Wissenschaft gewinnt ihre Erkenntnisse meist durch das Verfahren der Reduktion. Sie erforscht die Einzelheiten, dann die Einzelheiten der Einzelheiten, bis die kleinsten Elemente der Struktur oder die kleinsten Teile des Mechanismus bloßgelegt sind, gezählt und ausgewertet werden können. Erst nachdem das geschehen ist, kann die Untersuchung auf den ganzen Organismus oder das ganze System ausgedehnt werden. So sagen wir.

Manchmal scheint uns aber dabei etwas verloren zu gehen. Das heutige Unbehagen an der Wissenschaft beruht zum Großteil auf der Befürchtung, daß wir das Ganze über den Einzelheiten vergessen könnten, solange wir so von der Detailforschung besessen sind. Von diesem Unbehagen erlebte ich selbst etwas, als ich einmal in Tucson[1] einen freien Nachmittag hatte und in den Zoo am Stadtrand ging. Man hat hier einen tiefeingeschnittenen Gehweg zwischen zwei kleinen künstlichen Teichen angelegt. Durch Glaswände kann man, in der Mitte des Wegs stehend, gleichzeitig auf die Oberfläche und in die Tiefe jedes Teichs blicken. In dem einen Teich auf der rechten Seite lebt eine Fischotterfamilie, auf der anderen Seite eine Biberfamilie. In ein oder zwei Meter Entfernung sieht man Otter und Biber spielen, oben und unten. Sie schwimmen auf den Besucher zu und dann wieder weg. So lebendig

1 Stadt in Arizona, spr. Tuson. (A.d.Ü.)

habe ich Tiere noch nie gesehen. Wäre nicht das Glas, könnte man hineinlangen und sie berühren.

Ich stand wie gebannt. Ich erinnere mich noch, daß ich nichts empfand als Verzückung und Staunen über solche Vollkommenheit. Ich stand nicht mehr, ich trieb willenlos von einer Seite auf die andere, mein Gehirn drehte sich, ich starrte mit aufgerissenen Augen auf die Biber und dann auf die Otter. Ich hörte Rufe über mein Corpus callosum[2] hinweg, von einer Gehirnhemisphäre zur anderen.

Soweit ich mich erinnern kann, dachte ich mit dem letzten Rest meines Bewußtseins, daß ich nichts wissenschaftliches über Biber und Otter hören wollte. Ich wollte nichts darüber wissen, wie sie ihre prächtigen Bewegungen ausführten. Ich wollte nichts von der Physiologie ihrer Atmung wissen, von der Koordination ihrer Muskeln, ihrem Gesichtssinn, ihrem System von Drüsen mit innerer Sekretion, ihrem Alimentartrakt. Es lag mir weltenfern, sie als Ansammlungen von Zellen zu analysieren. Ich wollte nichts als die volle haarige Komplexität vor meinen Augen: ganze, intakte Biber und Otter in Bewegung.

Leider dauerte das nur einige Minuten. Dann kam ich in das auslaufende 20. Jahrhundert zurück und war so reduktionistisch wie immer. Gewohnheitsmäßig dachte ich an die Einzelheiten, aber diesmal nicht an die Einzelheiten von Ottern und Bibern. Sondern an mich selbst. In mir war etwas geschehen. Ich wußte es genau. Ich dachte an das Stammhirn, vielleicht arbeitete mein limbisches[3] Sy-

2 Ein Gehirnteil zwischen den beiden Gehirnhälften. (A.d.Ü.)

3 Nicht genau definierter älterer Gehirnteil, in dem der Sitz der Emotionen vermutet wird. Limbus (lat.), der Grenzbezirk der Unterwelt. (A.d.Ü.)

stem. Ich wurde Verhaltensforscher, Experimentalpsychologe, Ethologe. Im Nu verging mir das Staunen und das Überwältigtsein. Ich wurde banal.

Aber ich nahm etwas aus dem Zoo mit, ein Stück neuer Information über mich selbst: Ich bin irgendwie auf Otter und Biber kodiert. In ihrer Gegenwart zeige ich ein instinktives Verhalten. Ich habe Rezeptoren dafür, wenn sie ihre Bewegungen hinter Glas machen, gleichzeitig oben und unter Wasser. Biber und Otter sind »Auslöser« für mich, um in der Ausdrucksweise der Verhaltensforschung zu sprechen. Die Auslösung war mein eigentliches Erlebnis. Was wurde ausgelöst? Ein Verhalten. Was für ein Verhalten? Stillstehen, sich verblüfft herumdrehen, sich erhoben fühlen, eine Aufwallung von Freundschaft. Ich konnte nach diesem Vorfall nichts über Biber und Otter mitteilen, was nicht schon bekannt war. Ich hatte nichts Neues über sie erfahren. Nur über mich selbst, vermutlich auch über meine Leser und die Menschen im allgemeinen. Wir sind mit Genen ausgestattet, die unsere Reaktion auf Biber und Otter kodieren, vielleicht auch unsere Reaktionen untereinander. Stereotype, unveränderliche Reaktionsmuster sind uns eingeprägt und warten nur auf einen Auslöser. Und das in uns durch solche Konfrontationen ausgelöste Verhalten ist im wesentlichen eine überraschende Sympathie. Es ist ein zwangsläufiges Verhalten, das wir nur mit großer Anstrengung unter Erfindung von Ausreden unterdrücken können. Uns selbst überlassen, autonom und mechanistisch, sehnen wir uns nach Freunden.

Wir sollen nicht die Ameisen zum Vergleich heranziehen, sagt man uns. Sie können uns nichts lehren. Sie sind absurde kleine Apparate, unmenschlich, Automaten, ohne Seele und Manieren. In der Masse berühren sie sich und tauschen Informationen aus, die sie wie Geschäftsbriefe zwischen den Kiefern halten; sie werden zu einem einzigen Tier. Man beachte das. Es ist erniedrigend, ein Verlust der Individualität, ein Verstoß gegen die menschliche Natur, ein unnatürliches Verhalten.

Man trifft Leute, die ganz ernsthaft so reden und sich dabei sehr tief vorkommen. Seid Individuen, solitär und egoistisch, heißt ihre Botschaft. Altruismus, ein Jargonwort für das, was man einst Liebe nannte, ist ärger als Schwäche, ist Sünde, naturwidrig. Bleib für dich. Sei kein soziales Tier. Aber dieses Argument verliert an Überzeugungskraft, wenn man die Sprache braucht, um es vorzubringen. Man muß Flugblätter drucken oder Bücher veröffentlichen, man muß sie verkaufen und herumschicken, man muß zum Fernsehen gehen und die gleichzeitige Aufmerksamkeit von Millionen Mitmenschen erregen. Dann soll man ihnen allen, allen zugleich, allen sozusagen versammelt, dann soll man ihnen sagen: seid solitär, hängt nicht voneinander ab. Das kann man doch nicht machen, wenn man ehrlich sein will.

Vielleicht ist der Altruismus unsere ursprünglichste Eigenschaft, unangreifbar, unserem Willen entzogen. Vielleicht wartet er nur auf einen Auslöser. In unserer Kultur verkleidet er sich als Liebe oder Freundschaft oder Zuneigung. Es ist doch keine unvernünftige Annahme, daß alle Menschen in ihren Chromosomen aufgespulte Stränge von Desoxyribonukleinsäure (DNS) besitzen, die uns darauf kodieren, einander nützlich zu sein und zu helfen. Einander nützlich sein ist vielleicht die für das Überleben wichtigste Eigenschaft, wichtiger als Aggression, auf lange Sicht auch wichtiger als rabiater Egoismus. Wenn die biologische Wissenschaft der Zukunft solche Erkenntnis verheißt, gültig für uns wie für die Ameisen, dann bin ich ganz für die Wissenschaft.

Da ist noch etwas, das ich gern wissen möchte. Wenn diese Ameisen ihren Haufen gebaut haben und sind nun alle da, mit Berührung und Austausch, und die ganze Masse beginnt sich wie ein einziges großes Tier zu benehmen und *denkt* — was mag das für ein Gedanke sein? Und wenn wir schon dabei sind, möchte ich noch etwas wissen: wenn das alles passiert, weiß es jede einzelne Ameise? Und ob sich ihr dabei die Haare sträuben?

Das Jüngste und das Gescheiteste

Notizen zu einer Eröffnungsansprache vor Medizinstudenten des ersten Semesters

Ärzte! Irgendwo auf einem fernen Planeten auf der anderen Seite unseres Spiralnebels, einem Planeten, der sich genau in der richtigen Entfernung von einem Fixstern richtiger Größe und Temperatur befindet, beschäftigt sich gerade eine wissenschaftliche Tagung damit, langjährige astronomische Untersuchungen über unser winziges, von dort gesehen sehr provinzielles Sonnensystem zum Abschluß zu bringen. Die intelligenten Wesen jenes Planeten setzen eben ihre Unterschrift (sicher eine Art Ziffern) unter einen Bericht, in dem endgültig festgestellt wird, daß es auf der Erde kein Leben geben kann und die Erde keine Raumfahrt wert ist. Die Spektroskope jenes Planeten haben Sauerstoff auf der Erde entdeckt, jenes tödlichste aller Gase, und damit ist die Sache erledigt. Man hatte daran gedacht, zur Erde zu fahren und mobile Fabriken zur Erzeugung des lebenspendenden Ammoniaks mitzubringen, aber lohnt es, dafür den Erstickungstod zu riskieren?

Der einzige Punkt aus dieser Szene, an den ich wirklich glaube, ist die Tagung. Es ist für mich ein Glaubensartikel, daß die Tagung das fundamentalste Phänomen der Natur ist. Wenn Sie Leben auf anderen Himmelskörpern suchen, brauchen Sie spezielle Instrumente mit empfindlichen Sensoren zur Entdeckung von Tagungen. Gibt es

dort Leben, so werden Sie zweifellos überall Tagungen, Arbeitsgruppen und Arbeitsgemeinschaften finden. Jedenfalls, wenn es sich um Leben von der Art des unseren handelt.
Der Mars ist, soweit wir bisher etwas von ihm gesehen haben, eine ganz scheußliche Gegend. Nach allen Anzeichen ist er absolut tot, die toteste Gegend, die man sich vorstellen kann. Es wird einem schlecht, wenn man das sieht. Genau betrachtet, ist der Mars wahrscheinlich der einzige wirklich tote Ort, den wir je zu Gesicht bekommen haben. Von der Nähe bietet er einen unglaublich tristen Anblick.
Oder gibt es vielleicht doch Leben auf dem Mars und es ist uns bloß bisher entgangen? Die zahllosen Berater, die die Raumfahrtbehörde umkreisen, streiten gerade heftig und fachmännisch über diese Frage. Könnte es eine Insel des Lebens auf dem Grund einer Marsschlucht geben? Sollten wir nicht Geschwader von Fahrzeugen auf dem Mars aussetzen und herumfahren lassen, um auf Felsen und in Felsspalten nach Leben zu schnüffeln? Vielleicht gibt es einen einzelnen Punkt, einen einzigen Punkt, wo lebende Organismen in einem Loch sitzen.
Kann sein. Aber wenn es so sein sollte, wäre es das merkwürdigste, was es gibt. Es wäre nicht zu verstehen. Denn so eine Art des Lebens kennen wir nicht. Wir kennen keine ganz solitären, isolierten Wesen. Wir können uns selbst in der Phantasie keine Form des Lebens vorstellen, die allein und unabhängig existiert, ohne Verbindung mit anderen Lebensformen.
Wenn jemand von einem anderen Stern ein Fahrzeug oder meinetwegen eine Milliarde Fahrzeuge auf unserem Planeten landen ließe, so würde er höchstens eine oder zwei

Stellen ohne Leben finden, aber nur, wenn er sehr kleine Proben nimmt. Sonst ist überall Leben. Es gibt lebende Zellen in unseren heißesten Wüsten und auf den Gipfeln unserer kältesten Berge. Sogar in den uralten, vereisten Felsen, die man unlängst in der Antarktis ausgegraben hat, finden sich endolithische Organismen, die gemütlich in Poren unter der Oberfläche sitzen und so lebendig sind wie die Petunien im Schaufenster des Blumenladens.

Fände man eine solitäre Lebensform an einer einzigen Stelle des Mars, wie sollte man sie erklären? Der Fachausdruck für so etwas heißt ein »geschlossenes Ökosystem«, und hier liegt das Rätsel. Wir haben keine geschlossenen Ökosysteme. Das einzige uns bekannte geschlossene Ökosystem ist die Erde selbst. Sogar hier müssen wir den Begriff erweitern, denn zu diesem System gehört die Sonne und eine Menge von Gott weiß welchen Stoffen, die von außen auf die Erde gekommen sind, irgendwann vor sehr langer Zeit.

Alles lebt bei uns davon, daß alles andere lebt. Alle Formen des Lebens sind miteinander verknüpft. Im Grunde ist es die ungeheure Familie der prokaryotischen, kernlosen Mikroben, die unser System in Gang gebracht hat. Ohne Bakterien als Starter hätten wir nie genug Sauerstoff bekommen, nie Stickstoff zur Eiweißbildung fixiert.

Ein System ist technisch betrachtet ein Gefüge miteinander reagierender und kommunizierender Komponenten, die als Gruppe handeln und funktionieren, um ein gemeinsames Ziel durch abgestimmte Tätigkeit der individuellen Teile zu erreichen. Für die Erde ist das eine ganz befriedigende Definition, ausgenommen vielleicht das gemeinsame Ziel. Was ist eigentlich unser gemeinsames Ziel? Wie sind wir in diese ganze Sache hineingekommen?

Der Gedanke ist uns unangenehm. Manche tun das damit ab, daß sie sagen, die Frage sei lächerlich, mit unserem Planeten könne man nichts anfangen und wir seien nur für uns selbst verantwortlich. Aber es ist doch so: wir sind Komponenten eines dichten, phantastisch komplizierten Lebenssystems, verstrickt in eine Gegenseitigkeit des Lebendigen, ohne zu wissen, womit wir es eigentlich zu tun haben.

Die Erde hält zusammen, ihre Gewebe sind kohärent, im ganzen sieht sie wie eine Struktur aus, die sinnvoll sein könnte, wenn wir genug von ihr wüßten. Aus einiger Entfernung, vom Mond aus aufgenommen, erscheint sie wie ein Organismus, der sich in Entwicklung befindet, wie ein riesiger Embryo. Ungeachtet ihrer Größe, der Zahllosigkeit und Verschiedenheit ihrer Lebensformen hat sie doch Methode. Jedes ihrer Gewebe lebt nur dank der Verbindung mit anderen Geweben. Es lebt von der Symbiose. Das Erfinden neuer Arten der symbiotischen Kopplung ist ein Grundprozeß dieser Embryogenese. Uns sind keine Regeln für die Entwicklung dieser Art von Leben bekannt. Wir haben viel über die Gesetze der Entwicklung der einzelnen Arten auf der Erde gelernt, bis zu biomathematischen Einzelheiten, aber es ist noch kein Darwin gekommen, um die Koordination im Wachstum und in der Differenzierung des ganzen wunderbaren Systems zu erklären, noch weniger sein anscheinend permanentes Überleben. Es ergibt sich eine interessante Frage: wie können Mechanismen, die anscheinend völlig dem Zufall unterliegen, neue Arten entstehen lassen, die so gut und genau in das Ganze passen, so zweckmäßig sind, als wären sie die Zellen eines Organismus? Das ist ein hübsches Puzzlespiel.

Und jetzt schwärmen die Menschen wie Bienen über die ganze Erde, ändern alles, greifen in alle die anderen Teile des Systems ein, tun so, als ob sie die Herren wären. Dabei gefährden sie das Überleben des ganzen schönen Systems. Man könnte das mit Unwissenheit entschuldigen, und zu unserer Ehre muß gesagt werden, daß wir das endlich zu bemerken beginnen. In keinem früheren Jahrhundert unserer kurzen Existenz haben die Menschen so tief und so schmerzhaft ihre Unwissenheit über die Natur empfunden. Wir beginnen uns damit auseinanderzusetzen und hoffen mit Hilfe der Wissenschaft etwas dagegen tun zu können. Wenn wir genug Verstand und Glück haben, wird das unsere Rettung sein. Aber wir fangen fast beim Nullpunkt an und der Weg ist sehr, sehr weit.
Wohlgemerkt, ich will uns nicht abwerten. Ich glaube inbrünstig an unsere Spezies und lehne die jetzige Modemeinung ab, wonach der Mensch ein Fehlschlag der Entwicklung und kein zweckmäßiges Element der Natur ist.

Ganz im Gegenteil, wir sind eine phänomenale, glanzvolle Manifestation des Lebens. Wir haben eine Sprache und können ebenso genau und geschickt Metaphern bauen, wie die Ribosomen ihr Eiweiß machen. Wir haben die Liebe. Wir besitzen Gene für Zweckmäßigkeit, und Zweckmäßigkeit kommt wohl einem »gemeinsamen Ziel« der Natur am nächsten. Schließlich, und das ist vielleicht das Beste, haben wir die Musik. Eine Art, die in diesem frühesten Jugendstadium ihrer Entwicklung, man möchte sagen, entwicklungsgeschichtlich fast sofort nach ihrem Erscheinen auf der Erde, die Musik von Johann Sebastian Bach hervorbringt, kann nicht ganz schlecht sein. Wir sollten unserer Zukunft mit mehr Sicherheit entgegensehen, mit Julian von Norwich[1] an unserer Seite: »Aber alles soll gut sein, und alles soll gut sein, und alles, was es gibt, soll gut sein.« In Augenblicken der Schuld können wir uns an Montaigne halten: »Wenn es nicht verrückt wäre, mit sich selbst zu sprechen, müßte ich mich jeden Tag einen verdammten Narren schimpfen.«

Aber wir halten uns nicht für berechtigt, von Sicherheit zu sprechen. Wir sind vielleicht das einzige Geschöpf der Natur, das sich ständig sorgt. Wir verbringen unser Leben in Sorge, wir fürchten die Zukunft, sind mit der Gegenwart unzufrieden, vertragen nicht den Gedanken des Sterbens und können nicht stillsitzen. Ich glaube dennoch, daß wir eine bessere Presse verdienen. Zu unserer Ehre muß gesagt werden, daß wir immer eine Ahnung von unserer Herkunft gehabt haben. Aus der ältesten Sprache, die wir kennen, der indoeuropäischen, haben wir das Wort für »Erde« genommen: *Dhghem.* Daraus haben wir »Humus«, aber auch »human« gemacht, auch »humilis«, demütig. Wir sind unbedingt die sozialste aller Tierarten, geradezu von der Sozialität besessen, voneinander abhängiger als die berühmten sozialen Insekten, und im Grunde im Sozialleben viel tüchtiger und erfinderischer. Das können wir wirklich. So haben wir alle unsere Kulturen und unsere Literatur geschaffen. Die Normen unseres sozialen Verhaltens sind hoch. Wenn wir hier versagen und die Art gefährden, wie wir es in diesem Jahrhundert mehrmals gemacht haben, dann ist bezeichnenderweise »inhuman« das schärfste Wort, das wir für unser Verhalten haben.

Die *conditio humana* ist keineswegs absurd. Wir sind

1 Eigentlich die Nonne Juliana (1342—1416), eine englische Mystikerin, die nach einer schweren Krankheit (1373) Visionen hatte, darunter Offenbarungen der Zukunft. (A.d.Ü.)

wichtig. Viele Leute, die sich damit beschäftigt haben, sind der Meinung, daß wir dabei sind, so etwas wie ein Bewußtsein für das Leben auf diesem Planeten zu schaffen. Der Gedanke scheint mir gut. Wenn das so ist, dann sind wir freilich noch im primitivsten Stadium, können noch nicht richtig sprechen und denken — aber wir haben eine unendliche Kapazität für die Zukunft. Unter diesem Gesichtspunkt ist es eigentlich allerhand, daß wir es in so kurzer Zeit schon so weit gebracht haben, nach geologischen Maßstäben in einem Augenblick. Wir sind das Neueste, Jüngste und Gescheiteste, was es gibt.

Über Magie in der Medizin

Die Medizin steht seit jeher unter dem Druck, der Öffentlichkeit plausible Erklärungen für die Krankheiten zu liefern, die sie behandelt. Die Formulierung umfassender, vereinheitlichender Theorien ist ein altes und willkommenes Anliegen der Ärzte. In frühester Zeit waren böse Geister, die nach Exorzismus riefen, die wichtigsten Pathogene. Der Schamane hatte die Technik der Geisterbeschwörung ständig zu verbessern. Später faßte namentlich im Abendland der Gedanke Fuß, daß die Verteilung der Körpersäfte auf die verschiedenen Organe den Verlauf aller Krankheiten bestimme. Es folgten Jahrhunderte entsprechender Eingriffe durch Aderlaß, Schröpfen, Schwitzen und Abführen. Anfangs unseres Jahrhunderts kam die Theorie der Selbstvergiftung auf. Ein Großteil der Therapie richtete sich darauf, den Dickdarm zu entleeren und leerzuhalten. Dann kam die Herdtheorie als globales Konzept, verbunden mit der Vorstellung einer Allergie gegen mutmaßliche mikrobielle Pathogene. Niemand kann sagen, welche Hekatomben von gezogenen Zähnen, entfernten Mandeln, operierten Gallenblasen und Blinddärmen das gefordert hat. In den dreißiger Jahren tauchte die Idee des psychosomatischen Ursprungs der Krankheiten auf und beherrschte eine Zeitlang das Feld.

Allmählich hat man einige unserer ärgsten Krankheiten aus solchen Systemen herausdiskutiert, indem man ihre Ursachen unzweifelhaft identifizierte und Mittel zu ihrer

Beseitigung fand. Ein Schulfall ist die Tuberkulose. Keine Volkskrankheit war so chronisch und so unerbittlich progressiv wie diese. Sie konnte jedes Organ befallen. Offenkundig spielten Faktoren wie Ernährung, Wohnung, Überfüllung und Armut mit. Theorien über Klima, Nachtluft und Mangel an Sonnenlicht ließen den Kurort zum Schauplatz der Therapie werden. Erst mit dem Aufkommen der wirksamen heutigen Chemotherapie wurde jedermann klar, daß die Krankheit eine einzige dominante, zentrale Ursache hatte. Wenn man den Tuberkelbazillus los wurde, war man die Krankheit los.
Das ist aber schon einige Zeit her. Der Gedanke, daß komplizierte Krankheiten auf eine einzige Ursache zurückgeführt werden könnten, ist wieder aus der Mode gekommen. die mikrobiellen Infektionen, mit denen man durch Antibiotika im Nu fertigwerden kann, gelten nur noch als glückhafte Anomalien. Die neue Theorie besagt, daß die Mehrzahl der heutigen Krankheiten (Infektionen im stillen inbegriffen) multifaktorieller Natur ist und von zwei komplexen kausalen Mechanismen herrührt: erstens dem Einfluß der Umwelt und zweitens dem persönlichen Lebensstil. Wenn die Medizin solche Krankheiten heilen will, so glaubt man heute allgemein, muß die Umwelt des Kranken geändert und seine persönliche Lebensweise umgestaltet werden, und zwar radikal. Ich halte es nicht für unmöglich, daß das alles stimmt, aber es wird noch lange dauern, ehe es bewiesen ist. Inzwischen eröffnet sich der Magie ein weites Feld.
Klare Angaben lassen sich schwer machen, weil der Verlauf vieler Krankheiten nicht vorhersagbar ist und manche zur spontanen Remission neigen. Nehmen wir als Beispiel eine rheumatische Krankheit, die Arthritis. Patienten

haben den Erfolg ganz verschiedener therapeutischer Maßnahmen bestätigt: Kupferarmbänder, Übersiedlung nach Arizona, zucker- oder salz- oder fleischarme oder eine sonst an irgendetwas arme Diät, und sogar die Lektüre eines Erbauungsbuchs. Wenn man hier werten will, stößt man auf eine Schwierigkeit: etwa 35 % der Patienten mit dieser Diagnose werden gesund, gleichgültig was sie tun. Freilich, wenn man eine Arthritis gehabt hat oder meinetwegen auch Schizophrenie, und wenn man die Krankheit überwunden hat, oder wenn man so etwas als Arzt sieht, dann läßt man sich schwer ausreden, daß irgendetwas von dem, was man getan hat, die Gesundung herbeigeführt hat. Um sich ein fundiertes Urteil zu bilden, braucht man eine große Zahl von Patienten und sehr viel Zeit — und einen kühlen Kopf.

Die Magie ist in alter Kraft wieder da. »Laetril« heilt Krebs, Akupunktur hilft bei Schwerhörigkeit und Kreuzschmerzen, Vitamine helfen bei allem. Meditation, Yoga, Tänze, »Biofeedback« und gegenseitiges Niederschreien in vollen Sälen am Wochenende sind Spezifika für die *conditio humana.* Der Waldlauf, an sich gewiß eine gute Sache, hat sich den medizinischen Ruf erworben, den früher seltene Kräuter aus Indonesien genossen.

Der Verein vom Blauen Kreuz läßt ständig ein Inserat auf der Titelseite der *New York Times* erscheinen, in dem das Publikum aufgerufen wird, auf Grund wissenschaftlicher Erkenntnisse seine Lebensgewohnheiten zu ändern. Man könne einfach durch Beachtung von sieben schlichten Lebensregeln elf Jahre der Lebenszeit hinzufügen, die man zu erwarten hat, wenn man nicht mitmacht. Bei der heutigen durchschnittlichen Lebenszeit von 72 Jahren würde das bedeuten, daß man 83 Jahre alt wird. Es wird

behauptet, daß man diesen eindrucksvollen Effekt einfach dadurch erreichen kann, daß man regelmäßig frühstückt, regelmäßig Bewegung macht, sein Gewicht normal hält, keine Zigaretten raucht, nicht zu viel trinkt, stets acht Stunden schläft und nicht zwischen den Mahlzeiten ißt.
Wo ist die Wissenschaft, die diese Erleuchtung vermittelt hat? Sie besteht in einer großen Studie kalifornischer Epidemiologen, die siebentausend Leute einen Fragebogen ausfüllen ließen. Nach fünf Jahren suchte man die Totenscheine der 371 inzwischen verstorbenen Personen aus dieser Gruppe heraus und verglich sie mit den Antworten der Verblichenen im Fragebogen. In der Tat gab es mehr Sterbefälle unter den starken Rauchern und Trinkern, wie ja zu erwarten war, denn Raucher bekommen mehr Lungenkrebs und Trinker mehr Leberzirrhose. Die letzteren erleiden auch mehr Autounfälle. Aber eine überdurchschnittliche Sterblichkeit wurde auch bei Leuten festgestellt, die grundsätzlich nicht frühstückten, noch mehr bei Leuten, die sich keine Bewegung machten, nicht einmal mit dem Familienauto zum Wochenend-Picknick fuhren. Bis zu 20 % Übergewicht machte überraschenderweise nicht viel aus, aber Untergewicht ging eindeutig mit erhöhter Sterblichkeit einher.
Dieser Bericht ist viel zitiert worden, nicht nur vom Blauen Kreuz. Hinweise auf die Sieben Lebensregeln tauchen regelmäßig in Illustrierten und in den medizinischen Rubriken von Zeitungen auf, wobei stets elf zusätzliche Jahre verheißen werden.
Diese Befunde laufen einem neu entstehenden Volksglauben über das Kranksein parallel. Man wird krank, weil man nicht richtig lebt. Wenn man Krebs bekommt, ist man auf irgendeine Art selbst schuld daran. Wenn man ihn nicht

durch Rauchen, Trinken oder falsche Ernährung verursacht hat, so kommt er davon, daß man sich den Luxus einer falschen Persönlichkeit oder einer falschen Umwelt geleistet hat. Wer einen Koronarinfarkt bekommt, ist nicht genug durch den Wald gelaufen. Oder er hat zu angespannt gelebt, zuviel gestrebt und nicht gut geschlafen. Oder er ist dick geworden. Selber schuld. Aber wie ist es mit dem Frühstück? Es wird zu einem zauberhaften Ritual, zu reiner Magie.

Liest man den Bericht genauer, so erkennt man, daß sich die Befunde auf einfachere, banalere Weise erklären lassen. Auf die höhere Todesziffer für starke Raucher und Trinker brauchen wir nicht einzugehen, denn da ist nichts schleierhaft. Das sind eben bedenkliche Gewohnheiten. Aber man kann sich schwer denken, daß jemand binnen fünf Jahren stirbt, bloß weil er nicht gut gefrühstückt oder überhaupt nicht gefrühstückt hat.

Es scheint, daß hier Ursache und Wirkung zu vertauschen sind. Unter den Befragten, die angaben, nicht zu frühstücken, nicht zum Picknick zu fahren, Untergewicht zu haben und schlecht zu schlafen, waren gewiß einige, die schon krank waren, als der Fragebogen ankam. Sie frühstückten nicht, weil sie überhaupt kein Essen sehen konnten. Sie verloren den Appetit, sie verloren Gewicht, sie fühlten sich zu schwach, um sich Bewegung zu machen, sie hatten Schlafstörungen, alles, weil sie krank waren. Sie spielten nicht Tennis und fuhren nicht zum Familien-Picknick aus, einfach weil sie sich unwohl fühlten. Manche hatten vermutlich einen unbemerkt gebliebenen Krebs, etwa an der Bauchspeicheldrüse, andere hatten vielleicht hohen Blutdruck oder eine Nierenschwäche oder sonst eine organische Krankheit, für die der Fragebogen keine

Erkenntnismöglichkeit vorsah. Die Studie gibt nicht die Todesursache der 371 Gestorbenen an, aber es ist klar, daß schon wenige Sterbefälle wegen unentdeckt gebliebener Leiden den Sinn der Statistik signifikant verändern würden. Vorsichtshalber erwähnt der Verfasser des Berichts die Möglichkeit solcher Deutungen, aber nur so am Rande. Im ganzen gewinnt man beim Lesen des Berichts den Eindruck, daß man länger leben kann, wenn man nur frühstückt und Tennis spielt.

Der Gedanke, daß Sieben Gesunde Lebensregeln genügen, um länger zu leben, wurde vom Publikum bereitwillig aufgenommen. Das sagt viel über die Einstellung des Publikums oder zumindest der öffentlichen Meinung zu Krankheit und Tod aus. Die Menschen haben immer einfache und leichtverständliche Ursachen verlangt. Diese müssen so beschaffen sein, daß der Einzelne etwas dazu *tun* kann. Wenn man glaubt, daß man die üblichen Ursachen eines vorzeitigen Todes — Krebs, Herzleiden und Schlaganfall, also Krankheiten, deren Pathogenese wir nicht wirklich verstehen — abwehren kann, indem man wandert, hofft, regelmäßig ißt und schläft, dann ist das ein löblicher Glaube, wenn auch nicht unbedingt wahr. Die Medizin hat Perioden anderer vereinheitlichender Theorien überlebt, von denen nicht alle so wohltätige Effekte versprachen wie die vorliegende. Wenn Menschen veranlaßt werden können, das Rauchen aufzugeben, nicht zu viel zu essen und zu trinken, dazu sich regelmäßig Bewegung zu machen, dann werden sie sich meist bei dieser geordneten Lebensführung zum Schluß besser fühlen und viele werden wirklich besser aussehen. Niemand sage etwas gegen den Wert des Fitbleibens, aber mit Versprechungen sollte man doch vorsichtiger sein.

Die Lehre von den Sieben Gesunden Lebensregeln läßt auch ein ideologisches Doppelgesicht erkennen, ganz abgesehen von der unterschwelligen Glückswahrsagung in den magischen Zahlen 7 und 11 (englischer Zauberspruch: *seven come eleven*, aus sieben wird elf). An beiden Enden des politischen Spektrums kann man erwünschte Anklänge heraushören. Auf der äußersten Rechten hört man gern, daß der Einzelne, der gute alte auf sich selbst stehende, auf freies Unternehmertum schwörende Amerikaner für seine Gesundheit selbst verantwortlich ist, und wenn etwas schiefgeht, ist es seine eigene verdammte Schuld, weil er raucht, trinkt und falsch lebt (und er hat ja das Geld dazu). Auf der Linken dagegen vernimmt man gern, daß alle unsere gesundheitlichen Probleme, einschließlich des Sterbens, davon kommen, daß die Gesellschaft ihre Mitglieder nicht zum richtigen Leben erzieht. Wenn man die Volksgesundheit wirklich heben will, ist nicht Forschung das Mittel. Vielmehr muß man die gegenwärtige Gesellschaft stürzen und eine neue, bessere erfinden. So kann man es mit den Sieben Regeln jedem rechtmachen.

Inzwischen haben die Skeptiker unter den Medizinern einen schweren Stand. Die Leute hören nicht gern, daß wir über den Mechanismus bestimmter Krankheiten nichts wissen. Dagegen horchen sie auf, wenn jemand behauptet, alles zu verstehen, namentlich wenn aus diesem Verständnis, mit oder ohne Logik, irgendeine Anweisung folgt, etwas zu *tun*. Im Falle schwerer Krankheiten neigt das Publikum verständlicherweise zur Skepsis gegenüber den Skeptikern und glaubt lieber den Verkündern eines wahren Glaubens. Es ist das alte Dilemma der Medizin, das nicht mit Vernunft und nicht mit Reden gelöst werden kann. Wir brauchen viel Zeit und viel Geduld, bis die Wissenschaft, wie sie es schon immer getan hat, mit soliden Tatsachen aufwarten kann.

Der wunderbare Irrtum

Die wohl bisher größte Leistung der Natur war die Erfindung des Moleküls der Desoxyribonukleinsäure (DNS)[1]. Es ist von Anfang an da, es wurde in die erste Zelle eingebaut, die vor drei Milliarden Jahren irgendwo in den suppenartigen Urwässern des auskühlenden Planeten auftauchte. Alle heutige DNS, wie sie sich durch alle Zellen der Erde zieht, ist nichts als eine Fortsetzung und Ausgestaltung jenes ersten Moleküls. Im Grunde können wir nicht sagen, daß wir seither Fortschritte gemacht haben, denn die Methode des Wachstums und der Replikation ist im wesentlichen unverändert geblieben.

Aber es gibt Fortschritte in vieler anderer Hinsicht. Es ist heute aus der Mode gekommen, vom Fortschritt in der Evolution zu sprechen, wenn man damit so etwas wie Verbesserung meint, also ein über die Wissenschaft hinausgehendes Werturteil ausspricht. Aber ich weiß kein besseres Wort für das, was geschehen ist. Man muß es doch wirklich eine Verbesserung nennen, wenn man von einem Lebenssystem, das nur eine einzige primitive Mi-

1 Die Desoxyribonukleinsäure ist das Material der Gene des Zellkerns. Sie ist aus Bausteinen aufgebaut, die Nukleotide genannt werden. In der Reihenfolge dieser Bausteine sind die Informationen für Struktur und Funktion des Lebendigen verschlüsselt. Die Gene sind auch die Träger der Vererbung, die sie durch eine Art Prägung (Replikation) bewirken. (A.d.Ü.)

krobenzelle kennt, die ihr farbloses Leben in einem Algenhäufchen auslebt, zu all dem gelangt ist, was wir heute um uns sehen: Paris, den Staat Iowa, die Universität Cambridge, die muschelkalkgesäumten Wasserfälle und Seen im jugoslawischen Plitvica, die wie große Freitreppen aussehen, den Roßkastanienbaum in meinem Hof, die Architektur der Neuronen in der Hirnrinde der Wirbeltiere. Wir sind doch ein ganzes Stück über jenes Urmolekül hinausgekommen.

Das hätten wir mit menschlicher Intelligenz nie fertiggebracht, nicht einmal, wenn gleich zu Anfang Molekularbiologen mit Laboratorien aus einem anderen Sonnensystem zu uns gekommen wären. Gewiß haben wir die Wissenschaft entwickelt und wissen eine Menge über DNS, aber wenn man einem Geist von der Art des unsrigen die Aufgabe gestellt hätte, ein ähnliches replikatives Molekül aus dem Nichts zu entwerfen, hätten wir das nie geschafft. Wir hätten nämlich einen fatalen Fehler gemacht: unser Molekül wäre perfekt gewesen. Wir hätten ausgerechnet, wie man mit Nukleotiden, Enzymen und so weiter genaue, fehlerfreie Kopien der Moleküle herstellen kann — aber es wäre uns bei unserer Denkungsart nie eingefallen, daß das Ding die Fähigkeit haben mußte, Fehler zu machen.

Die Fähigkeit, kleine Fehler zu machen, ist das eigentliche Wunder der Desoxyribonukleinsäure. Ohne diese spezielle Eigenschaft wären wir immer noch anaerobe[2] Bakterien und es gäbe keine Musik. Wenn man jede für sich betrachtet, erscheinen uns die Mutationen, die uns weitergebracht haben, als absoluter, spontaner Zufall. Aber

2 Ohne Luft lebend. (A.d.Ü.)

im ganzen gesehen ist die Tatsache, daß Mutationen vorkommen, keineswegs zufällig. Dem DNS-Molekül war von Anbeginn auferlegt, kleine Fehler zu machen.

Wären wir die Macher gewesen, so hätten wir einen Weg gefunden, das zu verhindern, und die Evolution wäre im Keim erstickt worden. Stellen wir uns menschliche Forscher vor, denen es endlich gelungen ist, punktgenaue Replikationen von Prokaryonten, kernlosen Zellen wie Bakterien, herzustellen. Plötzlich tauchen unter ihren Kulturen neue Zellen mit Kernen auf. Man denke sich ihre Bestürzung. Man denke sich die aufgeregten Kommissionen, die in einer anderen Phase zusammentreten würden, um die plötzliche skandalöse Vermehrung von Trilobiten[3] zu untersuchen. Es käme zu Massenentlassungen von Wissenschaftlern, zum Verlust von Lehrstühlen.

Irren ist menschlich, sagen wir, aber das freut uns eigentlich nicht. Noch schwieriger ist die Tatsache zu akzeptieren, daß Irren auch biologisch ist. Wir kleben lieber am Gegebenen und suchen uns gegen eine Änderung zu sichern. Aber es ist nun einmal so: wir sind durch reinen Zufall da, ja sogar durch einen zufälligen Fehler. Irgendwo und irgendwann zwängte irgend etwas Nukleotide auseinander, um neue hereinzulassen. Vielleicht setzten sich Viren in die Lücken und brachten Stückchen anderer, fremder Genome[4] mit. Strahlungen von der Sonne oder aus dem Weltall riefen kleine Risse im Molekül hervor — und die Menschheit war vorgezeichnet.

Vielleicht mußte es angesichts der grundsätzlichen Instabilität des Moleküls so kommen. Wenn man schließlich

3 Frühe Vorstufen der Gliederfüßler. (A.d.Ü.)

4 Die Gesamtheit der Gene eines Lebewesens. (A.d.Ü.)

einen Mechanismus hat, der so konstruiert ist, daß er ständig die Form des Lebens verändert, und wenn alle die neuen Formen zusammenpassen sollen, wie sie es offenkundig tun, und wenn jedes improvisierte Gen, das eine Verbesserung für das Individuum bedeutet, mit einiger Wahrscheinlichkeit selektiv von der Art übernommen wird, und wenn man genug Zeit für das alles hat, dann muß das System wohl früher oder später ein Gehirn und ein Bewußtsein entwickeln.

Die Biologie braucht ein besseres Wort als »Irrtum« für die Triebkraft der Evolution. Aber vielleicht kommt man mit »Irrtum« aus, wenn man sich erinnert, daß es von einem Wort kommt, das soviel bedeutet wie »suchend herumirren«.

Teiche

Große Bezirke von Manhattan schwimmen auf dem Wasser. Ich erinnere mich, wie vor fünfzehn Jahren das neue Bellevue-Krankenhaus gebaut wurde. Das erste Stadium war gar prächtig: ein riesiger viereckiger See. Er existierte zwei Jahre und erhielt den Namen Bellevue-See. Indessen suchte eine verzweifelte Verwaltung das Geld für das nächste Stadium aufzutreiben. Der See wurde umzäunt und war nur von den oberen Fenstern des alten Krankenhauses sichtbar. Er war hübsch anzuschauen: im Sommer kühl-blau, im Januar eisglänzend. Der Zaun war löcherig wie alle Zäune in der Stadt. Man hätte zum See hinuntergehen und ihn zu irgend etwas benützen können, aber man wußte, daß er eine unterirdisch gespeiste Aufflutung des East River war. Im Bellevue-Krankenhaus hingen gedruckte Vorschriften über den East River an der Wand. Wenn jemand hineinfiel, war er in die Infektionsabteilung zu bringen und nach Wiederbelebung waren massive Dosen sämtlicher Antibiotika zu geben, die sich in der Klinik-Apotheke fanden.

Würde man den East River reinigen, so könnte man nette Teiche in der ganzen Stadt machen, jedenfalls im Ostteil von Manhattan. Wenn man das Empire State Building und die benachbarten anderen Wolkenkratzer in die Luft heben könnte, hätte man sofort ein Binnenmeer. Ein paar an den richtigen Stellen gebohrte Löcher würden das Wasser in die U-Bahn eindringen lassen, man hätte die schönsten unterirdischen Kanäle in der ganzen Gegend bis zum Hudson, im Zentrum bis zum Harlem River, an der Peripherie bis zur Battery, ein unterirdisches Venedig ohne Tauben.

Es ginge trotzdem nicht, außer man fände einen Weg, die Fische fernzuhalten. Die New Yorker vertragen keine lebenden Fische im Freien. Ich kann es mir nicht erklären, aber es ist so.

Es gibt einen neuen Teich, viel kleiner als der Bellevue-See, an der First Avenue zwischen der 70. und 71. Straße. Er liegt am östlichen Straßenrand. Entstanden ist er irgendwann im letzten Jahr, bald nachdem eine Reihe alter Wohnhäuser abgerissen und der Grund für einen neuen Wohnblock ausgeschachtet worden war. Zur Zeit hat er die Durchschnittsgröße eines Manhattaner Grundwasserteichs erreicht, so lang wie ein Häuserblock und zwölf Meter breit. In der Mitte ist er zweieinhalb Meter tief. Sein Umriß ist nierenförmig. Er sieht aus wie ein zu groß geratenes Schwimmbad in einem Vorort, abgesehen allerdings von den Dingen, die auf ihm herumschwimmen — und nun den Goldfischen.

Die Goldfische haben den Teich zu einem Ärgernis gemacht. Vom Gehsteig kann man hunderte von ihnen sehen. Die Umwohner gehen nicht vorbei und schauen nicht durch die Löcher im Zaun, wie sie das bei allen anderen Manhattaner Teichen tun. Sie schauen weg und gehen auf die andere Straßenseite.

Es regnet Beschwerden über den Teich, genauer gesagt über die Goldfische. Wie konnte jemand so etwas tun? Es ist schlimm genug, wenn jemand Hunde oder Katzen aussetzt, aber wer kann so brutal sein, daß er Goldfische aussetzt? Die Täter müssen nachts gekommen sein und

ihre Goldfischgläser in den Teich entleert haben. Wie konnten sie nur?
Der alarmierte Tierschutzverein kam eines Nachmittags mit einem Ruderboot angefahren. Man fischte den Teich mit Netzen ab und transportierte die Fische in neuen Goldfischgläsern teils in den Central Park, teils in den Fischteich des Tierschutzvereins. Aber die Goldfische in unserem Teichlein vermehrten sich weiter, oder vielleicht kamen jene Leute mit den Goldfischgläsern immer wieder in tiefer Nacht, um ihr unmenschliches Treiben fortzusetzen und neue Fische in den Teich zu kippen. Der Tierschutzverein steht vor einem Problem, so vielen Fischen ist er nicht gewachsen. Ein Sprecher erklärte vor der Presse, man werde die Grundstückseigentümer auffordern, den Teich leerzupumpen. Dann werde der Tierschutzverein mit Netzen wiederkommen und alle Fische fangen.
Hörte man nun die Leute reden, so konnte man meinen, es handle sich um Ratten oder Ungeziefer. Raus mit den Goldfischen aus dem Teich, egal wie! Mit Dynamit, wenn nötig! Aber weg mit ihnen. Der Winter naht, sagte jemand, das Wasser ist tief genug, sie werden unter dem Eis herumschwimmen. Raus mit ihnen!
Ich glaube, es geht weniger um die Goldfische selbst, als um das Wissen über den East River, das tief in der Seele der Einwohner von Manhattan sitzt. Goldfische im Glas sind harmlos, sogar von Nutzen für Leute, die etwas zum Denken brauchen, was immer es sein möge. Aber freigelassene Goldfische, die sich vermehren, sogar — und das ist das ärgste — am Leben bleiben in einem Wasser, das nichts als ein stationärer Wirbel des East River zu sein hat, sind irgendwie eine Gefahr für uns alle. Wir können uns

Leben unter gewissen Bedingungen nicht vorstellen, und dazu gehören die Bedingungen eines Teichs in Manhattan. Da gibt es vier weggeworfene Autoreifen, eine Unmasse zerbrochener Bierflaschen, vierzehn Schuhe und einen Pantoffel mit Kreppsohle. Dazu über die ganze Oberfläche der graugrüne Film, der alle New Yorker Oberflächen überzieht. Der Schlamm am Teichufer ist kein richtiger ländlicher Schlamm, sondern besteht aus Schmutz, Kehricht, fossilem Kaffeesatz und Grapefruitschalen, den Exkrementen einer Stadt. Wenn Goldfische in so einem Gewässer schwimmen, geheimnisvoll in kleinen Schwärmen herumziehen, sich ernähren, wirklich ernähren und dabei so gesund und munter aussehen wie Goldfische im teuersten Schaufensteraquarium — dann stimmt etwas mit unseren Normen nicht. In einem tieferen Sinne, in Worten nicht ausdrückbar, ist das Ganze eine Beleidigung für uns.

Ich glaubte auf der Unterseite zweier Fische eine ungewöhnlich gestaltete Flosse gesehen zu haben. Da durchzuckte mich ein freudiger Gedanke: in so einem Teich mit all seinen chemischen Möglichkeiten gibt es am Ende auch Mutagene, mutationsauslösende Stoffe, und bald wird man Schwärme von Goldfischmutanten sehen. Aber dann hatte ich eine Manhattaner Vision. Ich sah den Tierschutzverein nächsten Monat wiederkommen, mit Boot und Netzen. Der Teich wird leergepumpt. Das Boot sitzt auf Grund, die Netze liegen flach. Plötzlich hört man einen Schreckensschrei der Tierschützer. Plantschend und graugrünes Wasser verspritzend kommen die Goldfische auf ihren neuen kleinen Beinen aus dem Teich, kriechen rundum über die Ufer aus altem New Yorker Schlamm, krabbeln auf die Gehsteige, über die Straße, in

Einfahrten und die Feuerleitern hinauf, manche mit Jungen auf noch kleineren Beinchen, klettern die Häuserwände hinauf und schauen in offene Fenster.
Natürlich kann sich das nicht halten. So etwas geht einfach nicht. Der Oberbürgermeister wird kommen und persönlich seine Mißbilligung aussprechen. Die Gesundheitsbehörde wird kommen und die Anschaffung von Katzen empfehlen, aber nur Landkatzen, denn die Großstadtkatzen sind zu träge. Das Bundesgesundheitsministerium wird einen Trupp Fachleute mit einem neuen Sprühmittel gegen Fische aus Washington schicken, aber vier Tage später zurückbeordern, weil sich das Sprühmittel als Gift für Katzen erwiesen hat.
Nach ein paar Wochen wird alles vorbei sein, wie so viele andere New Yorker Ereignisse. Die Goldfische werden wegtauchen und verschwinden, der Teich wird sich mit weggeworfenen Pantoffeln füllen, bis Arbeiter kommen und alles mit Zement übergießen. Nächstes Jahr wird das neue Gebäude dastehen, voll mit Leuten, die nichts von dem kleinen Umweltdrama wissen. Aber war es nicht toll?

Irren ist menschlich

Jedermann muß heute mindestens einmal einen Computer-Irrtum persönlich erlebt haben. Plötzlich ist der Stand unseres Bankkontos von 379 Dollar auf drei Millionen gestiegen; wir bekommen Spendenaufforderungen, die nicht uns gelten, sondern Leuten mit seltsamen Namen unter unserer Adresse; Geschäfte schicken falsche Rechnungen; die Stadtwerke teilen mit, daß sie alles abdrehen werden; und so weiter. Wenn man bis zu dem Zuständigen vorgedrungen ist und seine Beschwerde vorgebracht hat, kommt ein stereotyper Brief aus demselben Computer: »Unsere EDV hat einen Fehler gemacht. Ihr Konto wird richtiggestellt.«

Solche Vorkommnisse werden als blinde Zufälle angesehen. Man will nicht glauben, daß Fehler zum normalen Verhalten einer guten Maschine gehören. Wenn etwas schiefgeht, muß ein Mensch den Fehler gemacht haben. Er hat sich vertippt, er hat den falschen Knopf gedrückt, einen Fehlgriff getan. Der Computer ist normalerweise unfehlbar.

Ich frage mich, ob das stimmt. Das Wesen des Computers ist doch, daß er einen Fortsatz des menschlichen Gehirns darstellt, sehr verbessert, aber doch nur menschlich, meinetwegen übermenschlich. Ein guter Computer kann schnell und klar genug denken, um einen Menschen beim Schachspiel zu schlagen. Computer sind sogar schon zum Dichten programmiert worden, wenn man auch besser nicht nach den Gedichten fragt.

Es ist noch unbekannt, ob der Computer ein Bewußtsein hat. Das wäre auch schwer festzustellen. Kommt man in eine der Hallen, in denen jetzt die Großmaschinen stehen, so vernimmt man ein schwaches Summen. Man glaubt die Maschinen denken zu hören. Wenn sich ihre Spulen drehen, sehen sie aus wie wilde Tiere mit rollenden Augen. Ihre Konzentration ist Spitze, sie ersticken fast an Information. Aber wirkliches Denken und Träumen ist anders. Anderseits findet man überall Anzeichen eines Unbewußten, das dem unseren äquivalent ist. Als Gehirnfortsätze sind die Computer mit der menschlichen Fähigkeit zum Irrtum ausgestattet, spontan, unberechenbar, unbeherrschbar.

Irrtümer liegen dem menschlichen Denken zugrunde, sind in unser Denken eingebettet, nähren es, wie die Wurzelknöllchen gewisse Pflanzen nähren. Besäßen wir nicht die Fähigkeit, zu irren, so könnten wir nichts richtig machen. Wir denken uns voran, indem wir zwischen richtigen und falschen Alternativen wählen. Wir müssen ebenso oft die falsche Wahl treffen wie die richtige. So gehen wir durchs Leben. Wir sind so gebaut, daß wir Fehler machen müssen. Wir sind auf Irrtum kodiert.

Wir lernen durch Probieren oder, wie man im Englischen sagt, durch »Versuch und Irrtum«. Warum sagen wir das? Warum nicht »Versuch und Recht« oder »Versuch und Triumph«? Man sagt es so, weil es der Wirklichkeit des Lebens entspricht.

Ein gutes Laboratorium muß wie ein Computer funktionieren, genau wie eine gute Bank oder ein guter Betrieb oder eine gute Regierung. Fast alles wird fehlerlos gemacht, streng nach Vorschrift, und alle Ziffern ergeben die vorausgesagten Summen. Die Tage vergehen. Und dann passiert jemandem, wenn es ein gutes Laboratorium und ein guter Tag ist, ein Fehler: die falsche Pufferlösung, ein Karteifehler, eine falsche Dezimalstelle, eine Temperaturabweichung um anderthalb Grad, eine entlaufene Versuchsmaus, oder einfach ein Lesefehler. Was immer es sein mag, etwas hat geknackt, wenn die Ergebnisse kommen. Nun kann es losgehen.

Der Fehler ist nicht die Hauptsache. Er öffnet nur die Tür. Entscheidend ist der nächste Schritt. Wenn sich der Forscher dazu überwindet, zu sagen »Hm, auch so wollen wir uns die Sache einmal ansehen« — dann ist ein neuer Befund zum Greifen nahe. Wenn man weiterkommen will, muß man einen Schritt tun, der auf einem Fehler beruht. Soll ein neuer Gedanke oder eine neue Musik entstehen, muß es vorher einen Streit geben. Wenn zwei Parteien noch so heftig debattieren, besteht doch ein freundliches Einvernehmen darüber, daß einer recht und einer unrecht hat. Früher oder später wird die Sache erledigt, aber nichts kann geschehen, wenn es nicht zwei Parteien und einen Streit gibt. Was Hoffnung gibt, ist die Fähigkeit zum Unrechthaben, die Neigung des Menschen zum Irrtum. Die Fähigkeit, über Berge von Information zu springen und glatt auf der falschen Seite zu landen, ist die wichtigste Begabung des Menschen.

Vielleicht findet sich diese Gabe in der Tat nur beim Menschen. Sie mag in unserer genetischen Instruktion verankert sein. Andere Geschöpfe scheinen keine DNS-Sequenzen zu haben, die ihnen gestatten, routinemäßig im täglichen Leben Fehler zu machen. Sicherlich haben sie keine Sequenzen für programmierten Irrtum als Leitfaden des Handelns.

Wenn es mehr Alternativen als zwei gibt, führen wir geistige Tänze auf, wir sind auf der Höhe menschlicher Leistung. Manchmal gibt es zehn oder gar zwanzig verschiedene Wege; alle bis auf einen einzigen müssen falsch sein. Die reiche Auswahl, die solche Situationen bieten, kann uns in Neuland führen. Die Grundlage der erkundenden Forschung ist die Fehlbarkeit des Menschen. Hätten wir nur ein einziges Zentrum im Gehirn, das nur im Fall der richtigen Entscheidung anspricht, statt des Wirrwarrs leichtgläubiger, lenkbarer Neuronenknäuel, die uns in Sackgassen führen, auf Bäume, ins Blaue, auf falsche Seitenwege — dann müßten wir ewig bleiben, was wir sind. Wir wären festgefahren.

Die niedrigeren Tiere besitzen diese wunderbare Freiheit nicht. Meist beschränken sie sich auf absolute Unfehlbarkeit. Katzen machen nie einen Fehler, so viele gute Seiten sie sonst besitzen. Ich habe nie eine Katze gesehen, die etwas falsch machte. Hunde sind manchmal fehlbar, machen gelegentlich reizende kleine Fehler, aber das kommt nur davon, daß sie Herrchen nachzuahmen versuchen. Fische machen grundsätzlich alles fehlerlos. Individuelle Zellen in einem Gewebe sind seelenlose Maschinen mit perfekter Funktion, so absolut unmenschlich wie Bienen.

An all das sollten wir denken, wenn wir in unserem Tun immer abhängiger von immer komplizierteren Computern werden. Laßt die Computer nur machen, sage ich. Laßt sie so machen, wie sie wollen. Wenn wir das lernen, wenn wir wegschauen und nicht eingreifen, dann eröffnen sich unbegrenzte Möglichkeiten für die Menschheit und die Computerheit. Ein elektronischer Rechner kann in einer Sekunde Berechnungen ausführen, für die wir mit dem Rechenschieber ein ganzes Leben brauchen würden.

Welchen Gewinn könnte uns die beinahe endlose Vielfalt genauer, maschineller Fehlrechnungen bringen, die uns jetzt zur Verfügung steht! Unsere schwierigsten Probleme könnten wir damit lösen. Wie sollen wir uns beispielsweise für ein soziales Leben in planetarem Maßstab organisieren, wo wir doch jetzt, und das ist eine simple Tatsache des Lebens, eine einzige Gemeinschaft geworden sind? Wir können von der Arbeitshypothese ausgehen, daß alle »richtigen« Wege dazu nichts taugen. Um weiterzukommen, brauchen wir eine Liste falscher Alternativen. Sie muß viel länger und interessanter sein als die kurze Serie falscher Vorschläge, die uns im Augenblick einfällt. Eigentlich brauchen wir eine unendliche Liste. Wenn sie ausgedruckt ist, brauchen wir einen Computer, der in sich selbst rechnet und aufs Geratewohl den nächsten zu probierenden Weg aussucht. Wenn der Fehler groß genug ist, könnten wir uns plötzlich auf einer neuen Ebene finden, verdutzt, im Licht, fertig für den nächsten Zug.

Die Persönlichkeiten

Es gibt psychiatrische Patienten, deren Krankheit darin besteht, daß sie mehr als eine Persönlichkeit haben. Unlängst wurde eine solche Kranke, eine hübsche, intelligente junge Person, im Fernsehen interviewt. Sie sollte ihre diversen Persönlichkeiten und deren Streitigkeiten vorführen. Sie sagte, daß sie nicht weniger als acht andere weibliche Persönlichkeiten besitze oder von ihnen besessen werde, alle verschieden und mit verschiedenen Namen. Nach ihrer Angabe streiten sie ständig miteinander und gebrauchen ihre Ellbogen, um das Ganze in die Hand zu bekommen. Das verursacht endlose Verwirrung und peinliche Situationen. Sie wäre sie gern alle losgeworden, ausgenommen natürlich sich selbst. Umgekehrt wünschten die anderen alle anderen loszuwerden, auch die Patientin selbst, ausgenommen natürlich sich selbst.

Solche Leute nennt man in der Fachsprache Hysteriker oder vielleicht Schizophrene, und man kann, wie man mir sagt, nicht viel dagegen tun. Mehr als eine Persönlichkeit zu haben, ist an sich ganz tief pathologisch, und wem das passiert, dem ist nicht zu helfen.

Ich weiß nicht recht, ob die Zahl der verschiedenen Persönlichkeiten gar so pathologisch ist. Eigentlich glaube ich das nicht. Acht kommt mir persönlich als eine ganz annehmbare und leicht zu überblickende Menge vor. Die Schwierigkeit liegt nur darin, daß sie alle gleichzeitig auftreten. Ich glaube, die Psychiatrie sollte sie dazu bringen, sich anzustellen und zu warten, bis jede an die Reihe kommt. So ist es doch bei uns anderen, normalen Menschen. Könnte man die Persönlichkeiten nicht irgendwie dressieren? Sie durch Versprechen von Belohnungen und Androhung milder Sanktionen beeinflussen? »Wie geht es Ihnen, ich freue mich, Sie zu sehen, ich habe genau 55 Minuten, dann kommt leider jemand anderer, aber könnte ich Sie vielleicht morgen um dieselbe Zeit sprechen, nehmen Sie doch eine Praline, und unterhalten wir uns, nur wir zwei!« So ließe sich doch einige Ordnung in die Sache bringen.

Eigentlich höre ich nicht gern, daß man krank ist, wenn man mehr als eine einzige Persönlichkeit hat. Ich habe im Laufe des Lebens mehr Persönlichkeiten gehabt, als ich zählen kann, geschweige denn, daß ich mich an ihre weiteren Schicksale erinnern könnte. Was mir das Gefühl gibt, normal zu sein, liegt darin, daß meine (unsere) Persönlichkeiten eine nach der anderen aufgetreten sind, sozusagen nach einem Programm. Vor fünf Jahren war ich eine andere, jüngere Persönlichkeit. Ich sagte und tat Dinge, die ich heute unmöglich billigen könnte. Vor zehn Jahren war ich ein Fremder. Vor zweiundvierzig Jahren ... ich habe es vergessen. Nach meinen Erfahrungen gab es höchstens dann einen Moment, den man entfernt krankheitsähnlich nennen könnte, wenn eine Persönlichkeit ihre Rolle ausgespielt hatte und die Szene verließ. Dann entstand eine Lücke in der Reihe, ehe die nächste Person antrat, und es war überhaupt niemand da. Zum Glück ist das, soweit ich mich erinnere, nur drei- oder viermal passiert. Das eine Mal, als ich ein Knabe in der Pubertät war, aber meine halbwüchsige Person noch nicht erschienen war, und zweimal etwas später, als es noch nicht klar schien, wer jetzt an der Reihe war. Sonst haben sie alle ihren Auftritt abgewartet, manchmal etwas außer Atem und des Soufflierens bedürftig, aber im ganzen doch leidlich imstande, ihre Rolle zu spielen. Sie benötigten überraschend wenig Information über die Hintergründe des Ganzen, auch wenn die Zeiten sich noch so sehr änderten. Ich weiß nicht mehr, wer es vor fünf Jahren war. Er beschäftigte sich mit Sprachwissenschaft und war gerade der Philologie auf den Geschmack gekommen, soweit ich mich erinnere. Er ging aber weg, ehe es zu etwas Größerem gekommen war.

Um die Wahrheit zu sagen, waren sie einigemal alle gleichzeitig da, wie die Frauen im Fernsehen. Sie wollten alle gehört werden und bildeten Kommissionen, eine Haus-, eine Budget-, eine Beschwerdekommission, sogar eine Kommission für Überprüfung der Mitgliedschaft. Ich weiß nicht, wie sie da hineinkamen. Es gab keinen Vorsitzenden, ich war es sicherlich nicht. Ich war höchstens ein kleiner Verwaltungsbeamter. Eine Tagesordnung gab es nie. Zum Schluß war ich nur der Mann, der die Erfrischungen bringt.

Wozu versammeln wir uns? Schwer zu sagen. Die Tür springt auf und sie kommen herein, verlangen Eröffnung der Sitzung und reden alle zugleich. Seltsamerweise ist es kein bloßes Stimmengewirr. Sie teilen ihre Äußerungen so ein, daß die Worte und Sätze des einen in die Redepausen der anderen passen. In guten Augenblicken glaubt man eine komplizierte Unterhaltung zu hören, dann wieder nur Gesprächsfetzen aus einem vollen Restaurant. Manchmal geht die Synchronisierung der Schweigepausen verloren, einer unterbricht den anderen. Sie haben anscheinend ihre Notizen verloren.

Wir kommen nie zu einer Einigung. In den letzten Jahren

glaube ich zu spüren, daß sie sich über mich ärgern, wer immer ich in ihren Augen sein mag, und daß sie die ganze Situation als unangenehm empfinden. Sie stehen nicht auf und sagen es, aber ich glaube, was sie jetzt dringend wünschen, ist ein Vorsitzender.

Am ärgsten wird es aber, wenn ich einer sein will. Das klappt nie. Gerade wenn man sich berufen fühlt und den summenden Ton verspürt, den eine Standuhr hören läßt, bevor sie schlägt, beginnen die anderen Persönlichkeiten zu reden. Was immer du denkst, sagen sie, es ist alles ganz falsch.

Nur ein Mittel kann sie zum Schweigen bringen: Musik. Bach spielen stoppt sie unfehlbar — man möchte fast glauben, daß sie gerade darauf gewartet haben.

Sorge um die Gesundheit

Die Gesundheitsfürsorge in Amerika ist überwältigend, in jedem Sinne des Wortes. Ungeachtet mangelhafter Verteilung und Koordinierung hält man angesichts der gigantischen Ausmaße dieses kollektiven Einsatzes den Atem an — ebenso angesichts der Kosten. Die Dollarziffern sind kaum noch zu fassen. Sie steigen jedes Jahr. Von 10 Milliarden Dollar im Jahre 1950 haben sie sich bis 1978 auf 140 Milliarden erhöht. In den nächsten Jahren werden sie noch viel höher sein, zumal wenn es zu einer gesamtstaatlichen Krankenversicherung kommt. Nach amtlicher Schätzung verbrauchen wir jetzt in Amerika rund 8 Prozent des Bruttosozialprodukts für Gesundheitszwecke. Bald können es 10 oder 12 Prozent sein.

Das sind die amtlichen Ziffern. Sie erfassen nur die Dollars, die durch amtlich erfaßte Kanäle fließen: Krankenhauskosten, Arztrechnungen, Rezepte, Ersatzkassen, Anstalten und Forschung. Aber das ist nur ein Teil der tatsächlich verausgabten Mittel. Warum beschränken sich die Schätzungen auf die unmittelbaren medizinischen Aufwendungen? Es gibt noch einen anderen Markt, wo riesige Summen für Dinge ausgegeben werden, die der Hebung der Volksgesundheit dienen sollen. Fernsehen und Rundfunk, ein erheblicher Sektor der Volkswirtschaft, leben weitgehend von der Gesundheit oder richtiger gesagt von den Krankheiten. Da sind nicht nur die eigentlich medizinischen Hör- und Fernsehspiele, nicht nur die medizinischen Episoden, die sich oft durch die nichtmedizinischen Sendungen ziehen, in denen Krankheit das zentrale menschliche Problem ist. Fast in allen Werbesendungen eines Abends werden Mittel gegen Krankheiten angeboten: etwas gegen Magenbeschwerden, Verstopfung, Kopfschmerzen, Nervosität, Schlaflosigkeit oder Schläfrigkeit, Rheuma, Blutarmut, üble Gerüche, Schweiß, gelbe Zähne, Schuppen, Furunkel, Pickel. Die Nahrungsmittelindustrie bietet sich als Arztersatz an, wirbt für Getreideflocken zum Frühstück, als wären es Wundermittel, empfiehlt Vitamine und Nährpräparate. Sie wird dabei jetzt von einer spezialisierten Gesundheits-Nährmittelindustrie überrundet, die reine, organische, auf »natürliche Art« vitalisierende Produkte anbietet. Kaugummi wird zum Zähnereinigen empfohlen. Die Vitamine sind an die Stelle des Gebets getreten.

Das Druck- und Verlagsgewerbe scheint vom Buch über das Heftchen bis zu Zeitschriften fast ganz auf Gesundheit eingestellt zu sein. Es lebt von seelischen Heilverfahren, von Rheumakuren und von Diäten, die gegen alles helfen. Sogar um die Umweltprobleme hat sich eine ganze medizinische Industrie entwickelt, deren Kosten astronomische Ziffern erreichen. Die Verunreinigung von Luft und Wasser hält man in erster Reihe für eine medizinische Frage. Wenn der Fernseh-Wetterfrosch sich darüber äußert, ob die New Yorker Luft an diesem Tag »annehmbar« ist oder nicht, glaubt er über menschliche Lungen zu sprechen. Man sorgt sich um die Verunreinigung der Weltmeere, weil sie die Photosynthese der Algen beeinträchtigen könnte, man befürchtet, daß die Verunreinigung des Bodens alles Leben abtöten könnte, man sorgt sich um die Ausrottung der Vögel — alles nur, weil man davon, um Himmels willen, Krebs bekommen könnte.

Tennis ist mehr als ein Nationalsport geworden. Es ist heute Pflichtfach, eine Form kollektiver Physiotherapie. Jeden Tag sieht man Schwärme von Joggern in Unterhosen kraftvollen Schritts durch die Straßen ziehen, offenkundig in der Hoffnung, hierdurch ihr Leben zu erhalten. Fahrräder sind Kurmittel. Meditation mag gut für die Seele sein, aber noch besser ist sie für den Blutdruck. Wir sind ein gesundheitsbesessenes Volk geworden.

Etwas an all dem ist fundamental und radikal ungesund. Wir streben nicht nach einem schöneren Leben, sondern wollen nur ein befürchtetes Nachlassen abwehren, den Tod hinausschieben. Wir haben das Vertrauen zum menschlichen Körper verloren. Man ist sich heute darüber einig, daß wir schlecht konstruiert sind, von Natur alles falsch machen, gegen eine Menge feindlicher innerer und äußerer Faktoren empfindlich sind und nur mit knapper Not am Leben bleiben. Wir sind ständig in Gefahr, zu zerfallen, und brauchen deshalb unablässig Überwachung und Stützung. Ohne die Betreuung durch die Gesundheitsmacher würden wir sogleich umfallen.

Diese neue Weltanschauung ist unverkennbar das Produkt einer nicht zentral geleiteten, sondern spontanen Propaganda, welche die ganze Gesellschaft durchzieht. Wir erzählen einander unablässig solche Sachen, die dann im Fernsehen oder in den Illustrierten zu uns zurückkommen, wo alle unsere Ängste bestätigt und wir zum Schluß, wie auch in der Beratungsspalte der Tageszeitungen üblich, angewiesen werden, ärztliche Hilfe zu suchen. Lassen Sie sich untersuchen. Halten Sie Diät. Meditieren Sie. Joggen Sie. Lassen Sie sich etwas wegschneiden. Nehmen Sie zwei Tabletten in Wasser, wohlgemerkt Quellwasser. Wenn Schmerzen, Blutarmut oder Langeweile anhalten, gehen Sie zum Arzt.

Das Merkwürdige ist, daß wir uns gerade jetzt einreden lassen, daß unsere Gesundheit schlecht sei und überall Krankheit und Tod lauern, wo doch gerade heute die Tatsachen uns das Gegenteil lehren. In einer vernünftigen Welt würden wir Jubiläen der Volksgesundheit feiern. Im Jahr 1976 starben in den USA 1,9 Millionen Menschen bei einer Bevölkerung von 220 Millionen, also weniger als 1 Prozent. Das ist doch kein schlechter Befund, wenn man die Tatsache der Sterblichkeit als solche einmal akzeptiert. Die durchschnittliche Lebenserwartung ist auf 72 Jahre gestiegen, der bisher höchste Stand aller Zeiten. Trotz einer hartnäckigen Liste noch ungelöster Probleme wie Krebs, Herzleiden, Schlaganfall und Rheuma können wir im allgemeinen unbehindert auf ein längeres und gesünderes Leben hoffen, als es sich frühere Generationen je träumen ließen. Nach der Statistik plagen uns am meisten die Infektionen der Atem- und Verdauungswege, im großen und ganzen banale Affären, zu deren Überwindung man im allgemeinen nicht viel mehr braucht als Omas alte Hausmittel und Ratschläge. Wir sind die großen Infektionskrankheiten losgeworden, an denen man einst frühzeitig starb, so die Tuberkulose und die Lungenentzündung. Das ist größtenteils der verbesserten Hygiene und Ernährung, den verbesserten Wohnungsverhältnissen, zum kleineren Teil auch den Antibiotika und den Impfungen zu verdanken. Auch die Erkenntnis der Mechanismen hinter den noch unbewältigten Krankheiten macht Fortschritte. Je nach der Qualität und Intensität der biomedizinischen Forschung werden wir früher oder später lernen, mit den meisten davon oder sogar allen fertigzuwerden. Wir werden weiter altern und sterben, aber Altern und Sterben können gesunde Abläufe werden.

Wir könnten im ganzen mit uns zufriedener sein, als wir sind, und optimistischer in die Zukunft blicken.

Das Problem liegt darin, daß wir uns von der Propaganda hereinlegen lassen. Das ist nicht nur an sich bedauerlich, sondern es muß auch jede Gesundheitsfürsorge, sei sie noch so umfassend und gut, auf die Dauer unwirksam machen. Wenn man die Leute dazu erzieht, sich von Grund auf gebrechlich zu fühlen, immer am Rand schrecklicher Krankheiten zu stehen, ohne Gesundheits-Profis nicht leben zu können, stets einer eingebildeten »präventiven« Medizin zu bedürfen — dann wird die Zahl der Krankenhäuser und praktischen Ärzte ins Ungemessene anwachsen. Zum Schluß werden wir alle Ärzte werden und unsere Tage damit verbringen, einander auf Krankheiten zu durchleuchten.

In Wirklichkeit sind wir ein recht gesundes Volk. Wir sind nicht falsch gebaut, sondern sind erstaunlich kräftige, langlebige Organismen, durchaus gesund und für die meisten Notfälle gut gerüstet. Unserem Wohlbefinden droht nur Gefahr, wenn wir weiter auf all das Geschwätz hören: wir werden eine Nation gesunder Hypochonder werden, die kaum noch einen Schritt zu tun wagen und sich um ihre Gesundheit halb zu Tode ängstigen.

Wir haben für solche Sachen einfach keine Zeit mehr und können es uns nicht leisten, uns auf diese Art von anderen, dringenderen Problemen ablenken zu lassen. Unsere ewige Beschäftigung mit unserer persönlichen Gesundheit sollte uns in anderer Hinsicht besorgt machen. Sie könnte ein Symptom dafür sein, daß wir uns drücken, eine Ausrede dafür, daß wir uns auf die Couch legen, die Luft nach Verunreinigungen durchschnuppern und Desodorantien im Zimmer versprühen, indes vor unserer Tür die ganze Gesellschaft zugrundegeht.

Der geklonte Mensch

Es ist jetzt theoretisch möglich, aus jedem Tier und jeder Pflanze ein identisches Individuum herzustellen; man braucht dazu nur die Desoxyribonukleinsäure (DNS) aus dem Kern einer beliebigen somatischen Zelle[1]. Eine einzige Zelle aus der Wurzelspitze einer Pflanze kann dazu verführt werden, eine perfekte Kopie der ganzen Pflanze hervorzubringen. Eine Epithelzelle[2] enthält die vollständigen Instruktionen für die Bildung eines neuen, identischen Frosches. Bei weiterem Fortschritt der Technik könnte man das auch mit einem Menschen machen. Man liest schon viele erregende Voraussagen darüber. Eines Tages, so glaubt man, wird es gemacht werden und dazu dienen, ausgesuchten, besonders wertvollen Menschen eine Art Unsterblichkeit zu verschaffen.

Das Klonen[3] von Menschen gehört zu den wissenschaftlichen Dingen, die vielen Leuten Sorgen machen, zusammen mit Verhaltenslenkung, Gentechnik, Kopfüberpflanzung, dichtenden Computern und wachsenden Kunststoffpflanzen.

1 Somatische Zelle = Körperzelle. Gegenteil: die Keimzelle, die nur die halbe Anzahl von Chromosomen hat. (A.d.Ü.)
2 Epithel = Deckgewebe, z. B. Haut oder Schleimhaut. (A.d.Ü.)
3 Ein Einzeller teilt sich, die Teilzellen teilen sich wieder usw. Alle so entstehenden Zellen bilden einen Klon. Der Name gilt nur für ungeschlechtliche Vermehrung. Die Züchtung eines Klons wird als Klonen bezeichnet. (A.d.Ü.)

Am beunruhigendsten ist das Klonen. Es fordert die Ausschaltung von Sex und bietet zum Ausgleich nur eine gleichnishafte Ausschaltung des Todes. Es ist ein geringer Trost, daß unser geklontes, identisches Surrogat weiterlebt, wenn wir gestorben sind. Dazu kommt, daß der Neuling wahrscheinlich unsere wirkliche, alternde Person verdrängen wird. Man kann von einem isolierten Zellkern kaum Sohnesliebe oder Respekt erwarten. Die neue Person wird ihrem Wesen nach eine Waise sein. Gar nicht zu reden von den komplexen interpersonellen Beziehungen, die sich ergeben müssen, wenn man sich selbst als Kleinkind aufzieht, sich sprechen lehrt, sich Disziplin und Manieren beibringen soll. Wie käme man sich vor, wenn man mit 55 Jahren plötzlich seinen Stellvertreter als jugendlichen Kriminellen vor sich sähe?
Die sozialen Probleme liegen auf der Hand. Wen soll man erwählen und auf Grund welcher Qualifikation? Wie soll man Mißbrauch verhindern, zum Beispiel das Klonen der Reichen und Mächtigen, wenn auch sozial nicht Einwandfreien, oder ein von der Regierung angeordnetes Klonen stummer, unterwürfiger Massen zum Arbeiten? Welche Wirkungen wird es für uns Nichtgeklonte haben, wenn alle die Klonmenschen völlig identisch sind? Schließlich haben wir uns durch Jahrhunderttausende an das Vergnügen gewöhnt, persönlich alle einzigartig zu sein. Jeder von uns ist anders als die übrigen vier Milliarden. Persönlichkeit ist eine essentielle Tatsache des Lebens. Der Gedanke der Nichtpersönlichkeit, der völligen Identität aller, hat etwas erschreckendes, wenn man die Sache näher bedenkt. Nun, man bedenke sie nicht näher, denn meines Erachtens ist das Ganze nicht einmal in ferner Zukunft wahrscheinlich. Man wird vielleicht durch Klonen tatsächlich Men-

schen herstellen können, die ihren elterlichen Zellspendern phantastisch ähnlich sehen werden. Aber aller Wahrscheinlichkeit nach werden sie in allem übrigen so verschieden sein wie der geneigte Leser und ich, sicher verschiedener als eineiige Zwillinge.

Eine ganz große Schwierigkeit, wenn auch nicht die einzige, ist die für ein solches Experiment benötigte Zeit. Man stelle sich beispielsweise vor, daß ein hervorragender Diplomat geklont werden soll, damit auch in der Zukunft ein qualifizierter Mann für Nahostprobleme verfügbar ist. Er würde sich vielleicht dazu bewegen lassen, eine Zelle zu spenden. Dann müßte man aber warten, bis »er« über das embryonale Stadium hinausgewachsen ist, und dann noch weitere vierzig Jahre. Es ist wohl kaum anzunehmen, daß alle Beteiligten während dieser Periode der Entstehung des Spezialisten friedlich warten werden, bis das Klonprodukt eingreifen kann.

Das ist noch nicht alles. Man müßte die Umwelt des Klonprodukts miterschaffen bis in die kleinste Einzelheit. »Umwelt« bedeutet hier »Menschen«. Man müßte also nicht nur unseren Diplomaten klonen, sondern noch viele andere Leute. Das ist einer der wichtigsten Aspekte des Klonproblems, woran man in der freudigen Erregung über die geklonte Person gar nicht gedacht hat. Die Umwelt macht den Unterschied — und wie gesagt sind das die anderen Menschen. Wir haben Euphemismen und Sozio-Jargonworte dafür, wir sprechen von »sozialen Kräften«, »kulturellen Einflüssen« und einer »verbalen Gemeinschaft« nach dem Soziologen Skinner, aber was wir meinen, ist die Menge Menschen in der Nähe, die mit dem Individuum sprechen oder es anhören, die es anlächeln oder ihm ein böses Gesicht machen, die ihm etwas geben

oder nicht geben, die es stoßen oder ihm auf die Schulter klopfen, es liebkosen oder verhauen. Was immer das Genom sagen mag, haben diese Menschen sehr viel mit der Formung des Charakters zu tun. Wenn man nichts hätte als das Genom, und keine Menschen da wären, würde man eine wirbeltierähnliche Pflanze werden und nichts weiter. Also wird man unbedingt auch die Eltern klonen müssen. Ganz bestimmt. Kopien der Eltern müssen anwesend sein, während das Klonprodukt heranwächst. Aber bei genauerem Zusehen müssen die zu klonenden Zellen der Eltern aus der Zeit stammen, wo unser Diplomat eben als politisches Wunderkind erkennbar wurde. Solche Zellen sind nicht mehr zu beschaffen, und damit ist der Diplomat schon von der Theorie her unmöglich geworden. Man muß sich für die Klonliste mit anderen Leuten begnügen, die man aus irgendwelchen Gründen für wertvoll hält. Ihre beiden Eltern müssen in jedem Fall noch am Leben sein und müssen gleichfalls geklont werden, aus systematischen Gründen auch deren Eltern. In allen Fällen müssen die gesetzlichen Zustimmungserklärungen zum Klonen eingeholt werden, und soweit ich Eltern oder gar Großeltern kenne, wird das gar nicht leicht sein.
Aber auch das ist erst der Anfang. Nach heutigen psychologischen Auffassungen sind es nicht nur die Eltern, die Einfluß auf die Entwicklung des Menschen haben. Solche Einflüsse gehen von der ganzen Familie aus. Man muß also auch die Familienangehörigen klonen.
Und dann? Die Entwicklung jedes Verwandten ist von seiner Umwelt bestimmt worden, die aus weiteren Menschen bestand, aus Nichtverwandten, Schulfreunden, Bekannten, Liebhabern, Feinden, manchmal einfach zufälligen Mitreisenden in der U-Bahn. Man muß sie alle finden und klonen.

Damit ist die Sache noch immer nicht zuende. Jeder der Außenkontakte hat eine Familie um sich, dazu seine eigenen Außenkontakte und die Kontakte der Familie. Alle, alle müssen geklont werden.
Wenn man die Sache richtig machen will, wenn überhaupt Hoffnung bestehen soll, ein echtes Duplikat eines einzigen Menschen zu erhalten, dann muß man die ganze Welt klonen. Anders geht es nicht.
Ein Experiment dieses Umfanges ist undurchführbar, und wir würden es wohl auch nicht wünschen. Zunächst würde es bedeuten, an die Stelle der heutigen Welt eine identische Nachfolgewelt zu setzen. Dazu würde gehören, daß es keine neuen, natürlichen, spontanen, zufälligen Kinder mehr gäbe. Es gäbe überhaupt keine Kinder außer den fabrizierten Duplikaten der jetzigen Menschen. Alle Erwachsenen wären identisch, auch alle heutigen Politiker, alles wäre verdoppelt. Hier dreht sich uns schon der Kopf. Ferner: wenn das Experiment beendet ist, etwa nach fünfzig Jahren, was ließe sich wissenschaftlich über das Ergebnis sagen? Irgendwo in der Menge säße der ursprünglich Geklonte, verloren und übersehen, jetzt ein Mann gut mittleren Alters. Aber um ihn herum wäre jedermann eine genaue Dublette von jedermann in der heutigen Welt. Es wäre genau die Welt von heute, zum Bersten voll von Duplikaten der heutigen Menschen mit den Duplikaten ihrer alten Probleme. Alle würden sich wahrscheinlich darüber ärgern, daß sie alles noch einmal mitmachen mußten. Sie wären wütend auf den Original-Geklonten, und es erginge ihm schlecht, wenn sie ihn fänden.
Auch wenn alles richtig gemacht worden wäre, würden die Menschen doch nach Wegen suchen, das allgemeine Mißvergnügen zu beheben. Eines Tages würden sie sich nach

jemandem umsehen, der wegen seiner besonderen gesellschaftlichen Werte zu klonen wäre, um den Menschen aus der Misere zu helfen. So ginge es dann in regelmäßigen Zyklen ewig weiter.

Ich habe mich manchmal gefragt, wie wohl die Hölle aussehen mag, worin wohl die ewige Verdammnis bestehen könnte. Es kam mir manche Phantasie darüber. Aber an so etwas wie das, was eben geschildert wurde, habe ich wirklich nie gedacht.

Ich hätte einen anderen Vorschlag, wenn man unbedingt an der Menschheit manipulieren will. Laßt das Klonen sein, probiert es gar nicht. Findet lieber Mittel, um die Mutationen zu beschleunigen, sorgt für Abwechslung, singt neue Lieder. Wenn ihr herumspielen wollt, spielt herum, aber nie so, daß alles beim alten bleibt, auch nicht ihr selber. Der Himmel der Zukunft muß etwas anderes sein.

Über Etymon und Hybris

Als Etymon bezeichnet man ein ganz reines Wort, kristallklar, urpsrünglich, das genau das bedeutet, was es immer bedeuten sollte. Solche Wörter sind heute selten. Unsere Wörter sind meist Hybride, Kreuzungen, aus Bruchstücken alter, abgenützter Ausdrücke zusammengesetzt. Ihre Bildung ist dem Prozeß der Rückgewinnung von Material aus Abfällen zu vergleichen. Längst verlassene Wörter werden gestapelt wie Altmetall und bei Gelegenheit wiederverwendet.

Kommt man zufällig an ein primäres, ursprüngliches Wort, so ist das einerseits erregend, anderseits irgendwie erfreulich, etwa wie wenn man in einer alten Abiturientenzeitung das Bild eines Freundes findet. Solche Wörter sind immer sehr alt. Die bedeutenderen lassen sich auf indoeuropäische Wurzeln zurückführen, von denen wiederum verwandte Wörter im Sanskrit, Persischen, Griechischen, Lateinischen und viel später im Englischen abstammen. *Sen* bedeutete alt, *spreg* bedeutete sprechen, *swem* hieß schwimmen, *nomen* war Name, *porko* ein Schwein, *dent* ein Zahn. *Eg* hieß ich (ego), *tu* bedeutete du und *me* entsprach »mir« oder »mich«. *Nek* war der Tod, *mormor* ein Murmeln. *Mater, pater, bhrater* und *swesor* bildeten die Familie, *nepots* waren Neffen und Nichten. Ein Jahr hieß *jero.* Eine *wopsa* war eine Wespe, eine *apsa* eine Espe. In *deru* ist zwar nicht der deutsche Baum zu erkennen, aber das englische Wort *tree* dafür. Etwas festes, wahres und dauerhaftes wurde mit demselben Wort bezeichnet. In *gno* erkennt man Gnosis, Wissen, und das englische *know.* Daß *akwa* (aqua) Wasser bedeutet, ist klar. *Bhreu* hieß kochen, brauen. Mit den indoeuropäischen Grundworten und einigem Gestikulieren könnte man heute noch so gut durch die Welt kommen wie mit New Yorker Englisch.

Freilich hat sich die Bedeutung mancher Urworte geändert. *Bhedh* hieß früher gebieten oder heischen, später wurde beten daraus. *Dheye* bedeutete sehen. Im Sanskrit wurde daraus *dhyana,* meditieren, *dschhana* im Pali, *tsch'an* im Chinesischen und *zen* im Japanischen.

Man möchte meinen, daß die moderne Wissenschaft massenhaft neue Etyma benötigt und erfindet, aber das ist nicht der Fall. Die meisten Fachbezeichnungen für neuere Begriffe sind Kombinationen und Umbauprodukte. Vor hundert Jahren kam »Thermodynamik« auf. Das ist ein ganz alter Hut. Das indoeuropäische *gwher,* in dem man mit einiger Anstrengung »warm« erkennt, wurde im Griechischen *thermos.* Die andere Hälfte, *deu*, tun, wurde im Griechischen *dynesthai*, davon »dynamisch«. Von *deu* kommt auch »Dynamit«. *Bit* heißt bekanntlich die Einheit der Information bei der elektronischen Datenverarbeitung. Es ist eine Zusammensetzung aus engl. *binary*, binär, und *digit* (Ziffer). »Binär« läßt sich auf *dwo*, zwo, zurückführen, wovon auch Zweig, doppelt und Zweifel abstammen. Die Wurzel von *digit* liegt in *deik*, zeigen, wovon das lateinische Wort für »Finger« und das griechische »Paradigma« kommt. Auch im englischen *toe* für Zehen ist es noch erkennbar.

Was wir Choleratoxin nennen, hätte ein Ur-Indoeuropäer nach dem Wortklang für »glänzender Pfeil und Bogen«

gehalten. *Ghel* bedeutete ursprünglich glänzend, später gelb. Daraus wurde *ghola*, griechisch chole, deutsch Galle. Davon ist Cholera abgeleitet. Toxin, medizinischer Ausdruck für Gift, hieß ursprünglich *tekw*, laufen oder fliehen. Persisch wurde *toxsa* daraus, griechisch *toxon*, was immer noch nicht Gift hieß, sondern Pfeil und Bogen. Die Bedeutung von Gift nahm es dadurch an, daß die Pfeilspitzen vergiftet waren. Nach R. Graves kommt dieser Wortsinn vom Taxusstrauch, aus dessen Holz man Pfeile machte. Seine Beeren galten lange als giftig.
Das französische Wort für Gift, *poison*, das auch ins Englische übernommen wurde, ist auf langen Umwegen entstanden. Es kommt von *poi*, trinken, und die Ähnlichkeit mit frz. *poisson*, Getränk, ist nicht zufällig. Lateinisch wurde daraus *potare*. Auch »Symposium« kommt von *posis*, trinken, und »syn«, zusammen. Die Bedeutung von »Gift« nahm das Wort erst über die Liebestränke an.
Hier denkt man an *Venus* und *venerisch*. Das Urwort war *wen*, wollen oder begehren, davon später »gewinnen«. Der Zusammenhang ist klar. Der Liebestrank hieß *venin*. Davon kommt das andere englische Wort für Gift, nämlich *venom*. Warum man Liebestränke als Gift bezeichnete, ist unklar. Die alte Pharmakologie war weitgehend mit Toxikologie identisch. Ein Stoff, der falsche Liebe erzeugte, mußte giftig sein. Im Deutschen kommt Gift bekanntlich von Gabe und spielt ebenfalls auf die Verabreichung von Tränken an. Vom Liebestrank wanderte das Wort später zu den Giften von Schlangen und Insekten.
Ein sehr altes Wort ist *Virus*, obwohl seine heutige Bedeutung neu ist. Die Wurzel ist *weis*, fließen. Es war eine besondere Art von Fluß gemeint, das Sickern. Über das altenglische *wase* entstand das moderne englische *ooze*.

Aus derselben Wurzel kommt »Wiesel«, etwas schlüpfriges, sich windendes. Die Assoziationen sind meist unerfreulich, so »Virulenz«. Die Noxe, medizinisch der Schaden, stammt von *nek* (Tod, griech. nekros) und kam über *nocere* aus dem Latein. Der Göttertrank Nektar bedeutete Todesüberwindung (*nek* und *tar*, überwinden).
Das alles klingt wie eine Reihe von Zufällen. Vielleicht war die Entwicklung der Sprache im wesentlichen zufällig wie die Entwicklung der Organismen. Zwei Jahrhunderte Philologie haben die Stammbäume enträtselt, aber irgendwie sieht die Sache unwahrscheinlich aus. Die Sprachentwicklung muß hochgradig zufällig gewesen sein, ohne viel Voraussagbarkeit.
Chance, im Englischen eines der Wörter für Zufall, kommt von *Kadenz* und damit von *kad*, fallen. Daraus wurde lat. *cadere*, fallen oder sterben, und »Kadaver«, aber auch »Kaskade«. Mit dem Begriff des Zufalls verknüpfte sich das Wort durch das Fallen der Würfel. Im Englischen und Französischen wird Zufall auch mit *hazard* bezeichnet, ein Wort, das im Deutschen gewagte Glücksspiele bedeutet. Es kommt aus dem arabischen *jasara* für Würfelspiel.
Solche Entwicklungen können nicht das Werk planmäßiger menschlicher Intelligenz sein. Unsere heutige Sprache ist das Ergebnis einer endlosen Reihe von kleinen Fehlern und Entstellungen. Die Wörter werden einfach losgelassen, fliegen im Dunklen herum, stoßen zusammen und paaren sich in oft absurder Weise. Das Ergebnis sind wilde, zufällige Hybride, nicht vernünftig deutbare Kreuzungen.
Wenn wir das organisieren würden, könnten wir es besser machen. Die Sprache bedarf der Administration. Es hat bisher am Management gefehlt. Da anscheinend die mei-

sten wichtigen Wörter von heute durch Hybridisierung entstanden sind, müssen wir die Hybridisierung in die Hand nehmen. Wir müssen geeignete Wörter kreuzen und uns aus der Nachkommenschaft das geeignete aussuchen. Man wird Staatseingriff brauchen. Überall wird man Institute zu diesem Zweck schaffen müssen, die ganze Paläste in den Hauptstädten füllen werden. Ihre Aufgabe wird die Züchtung von Wörtern sein, so wie die landwirtschaftlichen Versuchsanstalten neue Pflanzen züchten. Eine gut organisierte Bürokratie mit vielen Kommissionen wird Wörter ausbrüten. Natürlich wird einige schöpferische Begabung dazugehören. Zweckmäßig wird man Ziffern statt Buchstaben in die Neubildungen einsetzen. Computer werden Ziele und Prioritäten ermitteln. So werden wir uns allmählich aus unserer Abhängigkeit von der Vergangenheit befreien. Die neuen synthetischen Hybriden können dann an die Stelle jener alten indoeuropäischen Wörter mit ihren primitiven, unzivilisierten und peinlichen Anklängen treten.

Zu allererst müssen wir ein anderes Wort für »hybrid« finden. Seine Bedeutung ist klar, aber irgendwie ist es wissenschaftlich nicht aufrichtig. Das Wort kommt von lat. *hybrida,* einer Kreuzung von wildem Eber und Hausschwein. Die Kreuzung erwies sich als unbrauchbar. In neuerer Zeit wurde das Wort erstmals im Englischen des 16. Jahrhunderts gebraucht, wobei auf jene Kreuzung Bezug genommen wurde. Erst in der Mitte des 19. Jahrhunderts kam das Wort in den allgemeinen wissenschaftlichen Sprachgebrauch. Nicht nur Zoologen und Botaniker, sondern auch die Philologen belegten es mit Beschlag. Das Wort drang sogar in die parlamentarische Sprache ein; das englische Parlament nannte gewisse Gesetzesvorlagen *»hybrid bills«.*

Das Wort »hybrid« geht auf alte Ursprünge zurück. Es klingt nach Verwerflichem. Das Urwort war griech. *hybris*, sündhafte Überheblichkeit gegenüber den Göttern. Prometheus hatte Hybris. Die indoeuropäischen Wurzeln sind *ud*, übermäßig (engl. *out*), und *gwer*, Gewalt (frz. *guerre*, deutsch Wehr). Im 19. Jahrhundert gruben die Philologen von Oxford und Cambridge das Wort aus. Im akademischen Jargon nahm es eine eigene Bedeutung an. Es wurde auf Hochschullehrer angewendet, die allzu gescheit sein wollten, es vielleicht auch waren und sich dadurch unbeliebt machten, was ihrer akademischen Laufbahn sehr schaden konnte.

Die neuesten Hybriden sind die biologischen Kombinationen von Säugetier- und Bakterienzellen, die Produkte der Gentechnik. Teile der Desoxyribonukleinsäure (DNS), aus der die Gene bestehen, werden aneinandergereiht wie Perlen auf einer Schnur. Manche Leute wollen das verbieten, weil solche neue Organismen nachteilige Eigenschaften haben könnten.

Uns eine neue Sprache auf diese Weise machen? Mit Instituten und Kommissionen? Lieber nicht.

Die Gefahren der Wissenschaft

Die Kritik an Wissenschaft und Forschung hat in Amerika ein Schlagwort gefunden: Hybris. Man meint damit nicht so sehr das persönliche Verhalten der Wissenschaftler als die Rolle von Wissenschaft und Technik in dem auslaufenden zwanzigsten Jahrhundert. Man empfindet Unbehagen, man hat Ängste, man beginnt das Jahrhundert eher negativ zu beurteilen.
Hybris ist ein bedeutungsvolles, mehrschichtiges Wort. Es ist alten Ursprungs, wächst aber über seinen ursprünglichen Sinn hinaus. Heute dient es als kritische Bezeichnung jenes Geistes, der Kernspaltung und Kernfusion erfand, um Städte erst zu zerstören und dann zu beheizen, aber auch Öl unter dem Meer sucht, den Nahrungsmitteln irgendwelche Chemikalien zusetzt und das Sargassomeer mit Kunststoffabfällen verstopft.
Die biologisch-medizinischen Wissenschaften werden heute in dieser Hinsicht mit Physik und Technik in einen Topf geworfen; auch sie werden der Hybris bezichtigt. Die Hybris ist für die ganze biologische Revolution verantwortlich, hört man. Die Hybris hat uns die Aussicht auf Verhaltenslenkung und Psychochirurgie beschert, auf Herzüberpflanzung, auf das Klonen[1] von Politikern mit Hilfe ihrer eigenen prominenten Gewebe, auf iatrogene[2]

1 Vgl. Fußnote 3, S. 59
2 Durch ärztliche Behandlung erzeugte. (A.d.Ü.)

Krankheiten, auf Überbevölkerung, auf die Rekombination von Desoxyribonukleinsäure (DNS). Der letzte Punkt, die Gentechnik, die es gestattet, die DNS eines Wesens in die Gene eines anderen Wesens einzunähen, ist das neueste Beispiel der Hybris, ja ihr Gipfel. Es ist Hybris, wenn der Mensch hybride Wesen nach eigener Wahl fabriziert.

»Hybrid« für Kreuzung hat insofern eine Beziehung zu »Hybris«, als es ursprünglich eine unnatürliche, verbotene Vereinigung verschiedener Wesen darstellt. Was man hier sagt, stammt direkt aus der griechischen Mythologie. Der Mensch benützt seine Gaben, um in die Prärogative der Götter einzugreifen. Das ist die verbotene Hybris im klassischen Sinne, wie schon im vorigen Kapitel angedeutet wurde. Aus dem Wort ist ein Warnsignal geworden: wenn der Mensch Dinge tut, die den Göttern vorbehalten sind, sich zum Gott macht, wird es schlecht für ihn enden. Die Römer kreuzten den wilden Eber mit dem Hausschwein; es kamen greuliche Junge heraus. Weil man derartiges als Hybris empfand, nannte man die Kreuzung »hybrid«. Dem heutigen Menschen wird für seine Hybris viel schlimmeres passieren.

Es hat also tiefere Bedeutung, wenn man jemandem Hybris vorwirft. Man muß sich mit dem Vorwurf ernsthaft auseinandersetzen. Es genügt nicht, etwas über Wissenschaftsfeindlichkeit und Geistfeindlichkeit zu murmeln, womit viele Wissenschaftler es sich heute zu einfach machen. Die Zweifel an dem, was wir Wissenschaftler tun, wurzeln in der tiefen Urangst des Menschen. Aber das Wort Hybris wird unrichtig angewendet. Es handelt sich nicht eigentlich darum. Hier liegt, zumindest für die Gegenwart, ein fundamentales Mißverstehen der Wissenschaft vor.

Die zentrale Frage, auf die meine Antwort von vornherein feststeht, lautet: gibt es irgendwelche Informationen, die zu irgendwelchen Erkenntnissen führen, die der Mensch besser nicht gewinnen sollte? Gibt es für die wissenschaftliche Forschung eine Grenze, die nicht durch die Erkennbarkeit der Dinge gesetzt ist, sondern durch eine Norm dafür, was wir wissen dürfen? Sollen wir darauf verzichten, etwas zu erfahren, aus Angst vor dem, was wir oder andere Menschen mit diesem Wissen anfangen könnten? Meine Antwort ist ein glattes Nein. Ich gebe zu, daß diese Antwort intuitiv ist. Ich bin weder geneigt noch dazu ausgebildet, hier rationelle Gründe zu geben.
In wissenschaftlichen wie in Laienkreisen hat man versucht, die DNS-Rekombination zum springenden Punkt in dieser Frage zu machen. Man beschuldigt die Rekombinationsforscher der reinen Hybris. Sie maßen sich die Rechte von Göttern an, sie sündigen frech. Sie geben ja selbst zu, daß sie mit eigener Hand neue Lebewesen machen. Amerikanische Behörden sind aufgefordert worden, die Sache sofort zu verbieten.
Die Frage ist aber nicht ganz dieselbe wie jene nach Beschränkung der Erkenntnis, obwohl sie mit ihr verknüpft ist. Die Erkenntnis ist nämlich schon da, der Streit tobt nur um ihre technische Anwendung. Soll DNS zur Erzeugung nützlicher oder sonst interessanter Eiweißkörper in Plasmide[3] des Darmbakteriums *Escherichia coli* eingebaut werden oder nicht? Besteht die Gefahr, daß man etwas Falsches einsetzt und die gefährlich gewordenen Hybriden sich nach außen verbreiten? Entsteht hier eine Technik zur Schaffung neuer Krankheitserreger und soll man der Sache deshalb Einhalt gebieten?

3 Einschlußkörperchen im Protoplasma von Bakterien. (A.d.Ü.)

Solange sich der Streit noch auf dieser Ebene bewegt, würde meines Erachtens eine vernünftige Regelung keine Schwierigkeiten bieten. Wir haben in den letzten hundert Jahren gelernt, wie man mit gefährlichen Mikroben umgeht. Die Gegner der DNS-Rekombination scheinen dieses große Wissen zu unterschätzen. Man hat gefährliche Erreger wie jene von Pest, Cholera, Typhus und Papageienkrankheit in entsprechend gesicherten Laboratorien gezüchtet und erforscht. Es ist nie zu einer Epidemie gekommen, höchstens hat sich, und auch dies sehr selten, ein Forscher selbst infiziert. Die Vorstellung, daß man neue, wilde Krankheitserreger züchten könnte, die aus gesicherten Laboratorien in die Welt entkommen und die Menschheit bedrohen könnten, ist völlig phantastisch. Gerade das behaupten aber die Gegner der Rekombinationsforschung.

Damit sind wir schon beim Kern der Rekombinationsfrage angelangt. Sie ist zu einer emotionalen Angelegenheit geworden, die auf beiden Seiten unsachlich und leidenschaftlich diskutiert wird. Die Auseinandersetzung hat den Charakter einer Debatte über technische Sicherheit verloren und einen anderen Klang angenommen, den einer religiösen Kontroverse, die sich schnell der Zentralfrage nähert: gibt es in der Naturwissenschaft Dinge, die wir nicht erfahren dürfen?

Hier hätte noch eine unvermeidlich lange Liste schwieriger Fragen zu folgen. Die erste ist, ob irgendein Staatsanwalt oder Oberbürgermeister das Recht erhalten soll, eine Entscheidung in Forschungsfragen zu treffen.

Es wäre wohl besser für alle Beteiligten, wenn man in der Rekombinantenfrage zurückstecken würde, ehe sie uns über den Kopf wächst. Wenn man schon darüber streiten will, so möge man sich auf die Sicherheitsvorkehrungen beschränken, die bei den jetzt geplanten Rekombinationen notwendig sein mögen. Gewiß sind Vorschriften und Richtlinien im Interesse der öffentlichen Sicherheit in allen Fällen zu erarbeiten, in denen sie angebracht sind. Aber man lasse die Finger von der Frage einer Beschränkung menschlicher Erkenntnis. Diese Frage würde uns über den Kopf wachsen.

Man hat wohl schon bemerkt, daß ich in der Sache bereits Partei ergriffen habe. Ich bin festgelegt. Ich mag ein Vorurteil haben, aber dazu ist einiges zu bemerken. Ich bin nicht so sehr für die Rekombinationsforschung als vielmehr gegen etwas, nämlich gegen die Opposition, die sich dieser Forschungsrichtung in den Weg stellen will. Ich bin als erfahrener Bakteriologe empört über die Behauptung, daß wir angeblich nicht wissen, wie man sich vor Infektion im Laboratorium hütet und wie man die Erreger daran verhindert, nach außen zu gelangen. Darüber wissen wir schon lange alles notwendige. Ferner erscheint es mir als eine Art umgekehrter Hybris, wenn jemand behauptet, daß man tödliche Krankheitserreger so mir nichts, dir nichts herstellen kann. Es dauert sehr lange und erfordert tiefgehende biologische Wechselwirkungen, ehe eine Mikrobe ein erfolgreicher Krankheitserreger werden kann. Pathogen sein ist ein hochspezialisierter Beruf, dem sich nur ein winziger Teil der zahllosen Mikroben der Erde zuwendet. Die meisten sind vollauf mit sich selbst beschäftigt, nähren sich am Rand des anderen Lebendigen und sorgen für den Stoffkreislauf in der Natur. Pathogene Effekte erscheinen mir oft als ein biologischer Unfall. Gewisse Signale werden von den Mikroben falsch weitergeleitet oder vom Wirt mißverstanden, wie bei den Endotoxinen[4], oder dauert die Intimität zwischen Wirt und Mikrobe schon so lange, daß eine Art molekularer Mimikry möglich wird, wie beim Diphtherietoxin. Ich glaube nicht, daß man durch einfache Kombination von Genen so hochqualifizierte, spezifisch angepaßte Wesen schaffen kann wie Krankheitserreger. Ich habe übrigens auch nie geglaubt, daß Mikroben vom Mond oder Mars auf unserem Planet existieren könnten[5].

Aber wie gesagt, es scheint bei diesem Streit nicht um diese Seite der Sache zu gehen. Dahinter lauert jene andere Diskussion, auf die wir uns lieber nicht einlassen sollten. Ich kann nicht für Physik und Chemie sprechen, deren ungeheure Fortschritte in diesem Jahrhundert bekannt sind. Hinsichtlich der biologischen und medizinischen Wissenschaften jedoch scheint es mir, daß wir noch viel zu wenig wissen, um ein Urteil darüber abgeben zu können, was uns zu lernen oder nicht zu lernen frommt. Im Gegenteil müssen wir dankbar sein, wenn wir überhaupt einen Zipfel Wissens erwischen. Nicht weniger, sondern mehr Forschung ist notwendig.

Mit dem Wort »Hybris« sollte man vorsichtig sein. Es ist gefährlich, es auf die Suche nach Erkenntnis anzuwenden. Etwas anderes ist die praktische Anwendung von Erkenntnissen. In der Technik findet man Hybris genug. Ich glaube aber nicht, daß das Streben nach weiterer Naturerkenntnis, auf welcher Stufe immer, unnatürlich genannt

4 In die Bakterienzelle oder ihre Wand eingebaute Giftstoffe. Gegensatz: Exotoxine, von den Bakterien nach außen abgegebene Gifte. (A.d.Ü.)

5 Die rückkehrenden Mondfahrer wurden zunächst isoliert und desinfiziert, um die Einschleppung von Mondbakterien zu verhindern. (A.d.Ü.)

werden kann. Wenn es außer der Sprache noch eine besondere Eigenschaft des Menschen gibt, die ihn von allen anderen Lebewesen unterscheidet, ist es sein unersättlicher und unüberwindlicher Trieb, Neues zu erfahren und die Informationen mit anderen Angehörigen der Spezies auszutauschen. Eigentlich lernen wir immer. Kein menschlicher Trieb ist schwerer zu regulieren.

Freilich kann man sich Gründe für eine Regulierung vorstellen. Neue Naturerkenntnisse können zunächst recht erschütternd sein. Das gilt auch für die Rekombinationsforschung, nicht wegen ihrer umstrittenen Gefahren, sondern wegen ihrer tieferen Bedeutung. Die bloße Tatsache, daß man an dem genetischen Apparat, der das Leben des Planeten lenkt, herumbasteln kann, ist beunruhigend. Irgendwie gefällt es uns nicht, daß sich das Genom einer Art, das wir immer für fest und stabil gehalten haben, plötzlich ändern lassen soll. Der Gedanke, daß man Gene aus einem Genom entnehmen und in ein anderes einsetzen kann, ist unbehaglich. Die klassische Mythologie wimmelt von gemischten Wesen, halb Mensch, halb Tier oder Pflanze, und die meisten kommen in tragischen Zusammenhängen vor. Die DNS-Rekombinanten erinnern an böse Träume.

Natürlich wäre es am einfachsten, eine Kommission für diese Angelegenheit zu bestellen. Für die Kommission wäre es am einfachsten, nach Eingang von Beschwerden ein Verbot zu empfehlen. Die Kommission könnte leicht zu dem Beschluß kommen, daß die Zeit für Gen-Überpflanzung noch nicht reif ist und die Sache vertagt werden soll, vielleicht bis ins nächste Jahrhundert. Man könnte empfehlen, sich auf andere, weniger beunruhigende Forschungen zu konzentrieren, zum Beispiel Sonnenenergie oder seelische Gesundheit.

Leider wäre es schwer, wieder aufzuhören, wenn man diesen Weg einmal eingeschlagen hätte. Es gibt viele Forschungsgebiete, die dieser oder jener Gruppe mißfallen, und bald könnten wir uns einer ganzen Schar von Ausschüssen und Kommissionen gegenübersehen, die in Washington die wissenschaftliche Forschung zu überprüfen und schließlich zu regeln hätten. Nicht etwa auf Grund des Wertes oder Nutzens neuer Erkenntnisse, sondern zur Abwehr der wissenschaftlichen Hybris, zur Abwehr von Erkenntnissen, die wir besser nicht gewinnen sollen. Viele Leute würden sich ein Vergnügen daraus machen, in solche Kommissionen einzutreten. Fast die ganze Forschung würde Freiwild, sicher alles, was mit Genetik, Bevölkerungspolitik und Altersforschung zu tun hat. Kaum ein Gebiet bliebe verschont, höchstens »seelische Gesundheit«, ein Gebiet, auf dem wenig aufregendes zu erwarten ist.

In die größten Schwierigkeiten kämen die Forschungsgebiete, die schon heute mit Problemen geladen sind und den Umsturz alter Dogmen ahnen lassen.

Es ist schwer vorauszusagen, wohin die Wissenschaft führen wird. Bei wahrer Wissenschaft ist das grundsätzlich unmöglich. Das liegt in der Natur der Sache. Das Neue, das zu finden ist, kann ja definitionsgemäß noch nicht bekannt sein. Somit sind Voraussagen unmöglich. Man kann hier keine Auswahl treffen, indem man Themen aussucht, von denen man glaubt, daß sie wohlgefällig sein werden, und andere ausschließt, von denen man das Gegenteil glaubt. Entweder man will Wissenschaft haben oder nicht. Wenn man sie haben will, muß man auch mit überraschenden oder umwälzenden Ergebnissen rechnen, nicht nur mit harmlosen, glatten, sofort nutzbaren. Das gehört eben dazu.

Nach meiner Überzeugung gibt es nur eine einzige sichere Wahrheit in der Wissenschaft: wir wissen noch äußerst wenig von der Natur. Ich stehe nicht an, das die wichtigste Erkenntnis der Biologie der letzten hundert Jahre zu nennen. Eigentlich ist es eine Erleuchtung. In der hoffnungsfrohen Aufklärungszeit hätte man nicht geglaubt, wie wenig wir zu unserer Zeit wissen werden und wie rätselhaft uns die Zukunft noch erscheinen wird. Diese plötzliche Konfrontierung mit der Größe und Tiefe unserer Unwissenheit ist vielleicht die wichtigste Leistung der Wissenschaft in unserem Jahrhundert.

Wir beginnen dieser Tatsache endlich ins Auge zu sehen. Früher haben wir entweder geglaubt, alles zu verstehen, oder die Lücken unseres Wissens mit Vermutungen gefüllt, oder einfach die Augen vor dem Problem verschlossen. Nachdem wir tiefer geschürft haben, beginnen wir zu erfassen, wie ungeheuer die Fragen sind und wie weit wir von einer Antwort entfernt sind. Die Wissenschaft macht eine schwierige Periode durch. Für den Wissenden ist die Situation deprimierend. Nichts zu wissen ist nicht das ärgste, wenn man überhaupt nichts weiß. Schwerer ist es, wenn man seine Unwissenheit spürt, die dunkelsten Punkte und da oder dort einige nicht ganz so dunkle Punkte erkennt, aber kein Licht am Ende des Tunnels sieht und noch nicht einmal einen sicheren Tunnel weiß.

Wir sollten froh sein, immerhin einen Anfang zu machen. Es ist uns kaum eine Frage bekannt, die nicht früher oder später ihre Antwort finden wird, sogar was das Problem des Bewußtseins betrifft. Es kann freilich Fragen geben, die wir uns nicht vorstellen können, und damit Dinge, die uns ewig verschlossen bleiben. Es kann unbekannte Gren-

zen für den menschlichen Geist geben, aber das ist etwas anderes. Innerhalb der uns gegebenen Grenzen müßten wir uns bis zu allen Antworten durcharbeiten können, wenn wir lange genug aushalten und gut aufpassen.
Ich möchte das mit aller Zuversicht und meinetwegen Anmaßung, die ich aufbringen kann, gesagt haben. Eine weitere letzte Frage: ist das Hybris? Ist es unnatürlich, grundsätzlich falsch oder für unsere Spezies gefährlich, wenn wir den Drang empfinden, ein umfassendes Verständnis der Natur, uns selbst eingeschlossen, zu erlangen? Ich kann das nicht glauben. Unnatürlich und als eine Sünde wider die Natur würde mir vielmehr das Gegenteil erscheinen. Wir sind von Natur neugierig und wissen Fragen zu stellen. Und dann sollen wir es unterlassen? Das wäre unnatürlich und artwidrig. Wir würden vorgeben, ein anderes Tier zu sein, als wir sind. Wir würden unwahrerweise vorgeben, ohne Forschung und Experiment auszukommen. Wir würden den Ausweg aus der Unwissenheit in dem simplen Dogma suchen, daß es Dinge gibt, die wir nicht zu wissen brauchen. Das wäre die wirkliche Hybris und die wirkliche Gefahr für uns alle[6].

6 Man hat inzwischen in Amerika und auch in Deutschland darauf verzichtet, die Rekombinationsforschung zu unterdrücken. (A.d.Ü.)

Über Warzen

Warzen sind wunderbare Gebilde. Sie können über Nacht an jeder Stelle der Haut auftauchen wie Pilze auf einer feuchten Wiese, gleich voll ausgewachsen im Glanz ihrer komplizierten Architektur. Betrachtet man ihre angefärbten Schnitte unter dem Mikroskop, erkennt man eine hochspezialisierte Anordnung von Zellen, die für einen bestimmten Zweck konstruiert zu sein scheint. Sie sitzen da wie turmgekrönte Hügel aus dichtem, undurchdringlichem Horn, uneinnehmbar, zur Verteidigung gegen die Außenwelt gebaut.

In gewissem Sinne sind Warzen sowohl nützlich als auch wesentlich, aber nicht für uns. Es zeigt sich, daß die üppig wuchernden Zellen einer Warze der kunstvolle Reproduktionsapparat eines Virus sind.

Man könnte nach dem äußeren Anschein vermuten, daß die vom Warzenvirus infizierten Zellen diese Reaktion zur Abwehr des Virus benützen. Vielleicht wollen sie dem Virus schlechter schmecken. Es ist aber nicht so. Die Warze ist vielmehr das, was das Virus eigentlich will. Es gedeiht nur in Zellen, die genau diese Art von übermäßigem Wachstum zeigen. Die Zellreaktion ist keine Abwehr, sondern eine überwältigende Begrüßung, ein begeistertes Angebot von Raum für immer mehr Viren.

Am merkwürdigsten ist an den Warzen, daß sie auch verschwinden können. Nichts im Körper sieht so fest und dauerhaft aus wie eine ausgewachsene Warze. Aber unerklärlicher Weise, und oft ganz plötzlich, sterben sie ab und verschwinden spurlos.

Man kann sie sogar durch Denken wegbringen, jedenfalls durch etwas, das man nur Denken nennen kann, oder ist es dem Denken wenigstens ähnlich. Das ist eine Sondereigenschaft von Warzen, die ganz verblüffend ist, eigentlich weit überraschender als Klonen oder rekombinante DNS oder Endorphine[1] oder Akupunktur oder sonst etwas, das jetzt die Spalten der Presse füllt. Es ist eines der Mysterien der Wissenschaft: man kann Warzen weghypnotisieren. Das will nicht jeder glauben, aber es gibt seit langem überzeugende Beweise. Generationen von Internisten und Hautärzten ist das Phänomen bekannt, und schon ihre Großmütter haben ihnen davon erzählt. Ich kannte einen alten Professor der Medizin, der noch ein Schüler des großen englischen Arztes Sir William Osler gewesen war. Er erzählte mir, wie er Warzen behandelte. Er bestrich die Warze mit dem aus der Mikroskopie bekannten Farbstoff Genterviolett und versicherte dem Patienten in festem Ton, daß die Warze binnen einer Woche verschwinden würde. Das Mittel versagte nie. Klinische Forscher von Rang haben die Sache gründlich studiert und für Kontrollen gesorgt. Einmal wurden vierzehn Patienten hypnotisiert, die auf beiden Seiten von Warzen übersät waren, die anscheinend jeder Behandlung trotzten. Man suggerierte ihnen, daß alle Warzen auf der einen Körperseite verschwinden würden. Nach einigen Wochen zeigten sich eindeutig positive Ergebnisse: bei neun Patienten waren alle oder fast alle Warzen auf der suggerierten Seite weg,

1 Endorphine sind neuentdeckte schmerzstillende Hormone der Hypophyse. (A.d.Ü.)

während die als Kontrolle dienende andere Seite ebensoviel Warzen zeigte wie vorher.
Interessanterweise verschwanden die meisten Warzen genau nach Anweisung, aber noch interessanter ist es, daß auch Irrtümer vorkamen. Einer der Patienten verwechselte die Seiten und ließ die Warzen auf der falschen Köperseite verschwinden. Es kommt auch sonst einmal vor, daß man links und rechts verwechselt. Bei einem anderen Versuch in einem Krankenhaus in Massachusetts ließ ein Patient die Warzen auf beiden Körperseiten verschwinden, obwohl man ihm das nur für die eine Seite suggeriert hatte.
Ich habe versucht, das Wesen der Anweisungen zu ergründen, die das Unbewußte, was immer das sein mag, in der Hypnose erteilt. Die Psyche kann doch wohl nicht einfach sagen: geht weg, fort mit euch. Sie muß irgendwie spezifizieren, wie das bewerkstelligt werden soll.
Als ich von dem erwähnten Experiment hörte, dachte ich zunächst, daß die Instruktionen wahrscheinlich ganz einfach sind. Vielleicht bestanden sie nur in der Anweisung, den Blutstrom durch die präkapillaren Arteriolen in den Warzen und um sie herum zu sperren. Dann mußten sie absterben. Es blieb mir unklar, wie die Psyche so etwas so genau macht: sie sperrt die Blutzufuhr zu einer Warze und läßt andere Warzen intakt. Die Erklärung schien mir aber annehmbar. Schließlich war mein Unbewußtes gegebenenfalls für die Sache verantwortlich. Von selbst hätte ich es nie machen können, wenn ich einer der Patienten gewesen wäre.
Heute wird die Sache aber dadurch kompliziert, daß die Warzen eine virale Ätiologie haben. Dazu kommt die plausible Annahme, daß an der Warzenabstoßung wahrscheinlich immunologische Mechanismen beteiligt sind.

Wenn mein Unbewußtes ausrechnen kann, wie die Mechanismen zu manipulieren sind, die mit dem Virus fertigwerden sollen, und fähig ist, alle die verschiedenen Zellen in der richtigen Schlachtordnung zur Gewebeabstoßung aufmarschieren zu lassen — dann muß ich sagen, daß mein Unbewußtes viel mehr weiß als ich. Ich wünschte, ich hätte gerade jetzt eine Warze, um zu sehen, ob ich das Talent habe.

Es sollte für das, was ich meine, ein besseres Wort als »das Unbewußte« geben, auch wenn man es groß schreibt. Man hat mich gelehrt, diese Art Denken als einen privaten Sperrbezirk zu betrachten, irgendwo hinter Mauern in einem Vorort meines Hirns, aus dem nichts kommen konnte als verworrenes Zeug zum Zweck der Störung meines seelischen Gleichgewichts.

Aber ein geistiger Apparat, der eine Warze zum Verschwinden bringen kann, ist wieder etwas anderes. Das ist nicht der konfuse, ungeordnete Prozeß, den man von dem Unbewußten erwarten würde, über das man in Büchern lesen kann, ein nebelhaftes Fernes, das Träume macht oder Fehlleistungen oder Hysterie. Was immer oder wer immer für die Sache verantwortlich ist, besitzt die Präzision eines Chirurgen. Hier muß es sozusagen eine leitende Person geben, die sich in unvorstellbar komplizierten Einzelheiten auskennt, ein geübter Ingenieur und Manager, ein Generaldirektor, der Chef vom Ganzen. Ich habe nie daran gedacht, daß ich so einen Mieter habe. Oder richtiger gesagt, so einen Hausherrn, denn ich wäre doch, wenn es wirklich so ist, nicht mehr als ein Untermieter.

Der Mann muß unter anderem ein Zellbiologe von Weltklasse sein. Er muß die vielen Arten von Lymphozyten sortieren können, die ganz verschiedene Funktionen haben, von denen ich nichts weiß. Er muß die richtigen mobilisieren, die für Gewebeabstoßung zuständig sind, und die unrichtigen aussondern. Wenn ich das zu machen hätte, vorausgesetzt, daß ich die Macht hätte, Lymphozyten einzuberufen und sie in die Gegend meiner Warze zu dirigieren (angenommen, daß ich so etwas lernen könnte), dann kämen meine Lymphozyten unsortiert angerückt, B-Zellen und T-Zellen, Suppressorzellen und Killerzellen, sicher noch andere Zellen, von denen ich noch nichts gelernt habe, und es könnte nichts brauchbares herauskommen.

Selbst wenn die Immunologie nicht beteiligt ist und eine lokale Sperre der Blutzufuhr genügt, habe ich keine Ahnung, wie das zu machen wäre. Ich nehme an, daß die selektive Sperre von Arteriolen durch diesen oder jenen chemischen Vermittler bewerkstelligt werden kann, ich kenne sogar die Namen einiger solcher Mittel, aber ich würde mich nicht trauen, solche Mittel loszulassen, auch wenn ich wüßte, wie man es macht.

Nun, wer überwacht die Operation? Jemand muß es sein. Man kann nicht unter Hypnose dasitzen, Suggestionen aufnehmen und sie so präzise ausführen, ohne daß es so etwas wie einen Kontrolleur gibt, einen Leiter. Die ganze Sache kann nicht auf die niedrigeren Zentren abgeschoben werden, ohne daß man ganz detaillierte Spezifikationen mitschickt, über meinen Kopf hinweg.

Irgendeine Intelligenz weiß, wie man Warzen los wird, und das ist ein beunruhigender Gedanke.

Es ist aber auch ein bildschönes Problem, das gelöst werden sollte. Man stelle sich vor, was wir alles wissen würden, wenn wir genau verstehen könnten, was beim Weghypnotisieren einer Warze geschieht. Wir würden die zellulären und chemischen Teilnehmer an einer Gewebeabstoßung kennen, vielleicht auch einiges darüber wissen, wie ein Virus die Begriffe »eigen« und »fremd« in Zellen manipuliert. Wir würden wissen, wie der Verkehr dieser Reaktanten gelenkt wird, und dann vielleicht auch gewisse Krankheiten verstehen, die darauf beruhen, daß der Verkehr falsch gelenkt wird, in Richtung auf die falschen Zellen. Vor allem aber würden wir etwas über eine Art Superintelligenz herausfinden, die in jedem von uns existiert, viel tüchtiger als wir und im Besitz eines technischen Know-how, der weit über unser heutiges Verständnis hinausgeht. Die Sache wäre einen Warzenkrieg wert, einen Sieg über die Warzen, ein National-Institut für Warzen und dergleichen.

Über Transzendentale Metasorgen (TMS)

Man sagt, daß moderne, industrialisierte, zivilisierte Menschen ganz besonders nervös und sprunghaft sind, um die Zukunft besorgt wie noch nie; sie verzweifeln an der Gegenwart und die Erinnerung an die jüngste Vergangenheit macht sie schlaflos. Das kommt alles, sagt man, von der technischen Kompliziertheit und dem Lärm der Maschinen um uns und von dem starren Apparat aus Stahl und Kunststoff, den wir zwischen uns und der Erde aufgerichtet haben.

Unablässige Sorge ist nach dieser Auffassung eine moderne Erfindung. Um sie abzustellen, brauchen wir nur die Maschinen abzudrehen und aufs Land hinaus zu gehen. Der primitive Mensch schlief gut in einer Girlande von Rosen.

Ich habe meine Zweifel. Der Mensch ist seit jeher ein spezifisch ängstliches Geschöpf mit einer außerordentlichen Fähigkeit zur Sorge. Diese Gabe unterscheidet ihn von anderen Formen des Lebens. Zweifellos gibt es tief im menschlichen Gehirn ein Nervenzentrum, das diese Funktion vermittelt, ähnlich den Zentren für Hunger und Schlaf.

Der prähistorische Mensch ohne Werkzeuge oder Feuer muß der ängstlichste von uns allen gewesen sein. Er tastete sich durch seine lichtschwache Höhle und überlegte, was er eigentlich tun sollte. Er spürte schon die Verantwortung, die mit dem Werkzeugmachen auf ihn zukam. Er muß sich viel mit seinen Daumen beschäftigt haben. Ich kann mir ihn vorstellen, wie er auf seine Hände starrt, verwundert den Daumen der Reihe nach an die übrigen Fingerspitzen legt und denkt: Donnerwetter, das ist etwas, das uns von den Tieren unterscheidet. Dann kam der bohrende Gedanke: wozu mag das gut sein? Er muß lange, schlaflose Nächte gehabt haben, wobei er fortwährend an Daumen dachte.

Es würde mich nicht überraschen, wenn ich hören würde, daß es in der Zeit vor dem Feuer schon Tagungen gab, auf denen dargelegt wurde, daß Daumen doch zu weit führen würden und es besser wäre, wenn wir nur einen fünften Finger von derselben Art wie die anderen hätten.

Sich Sorgen machen ist die natürlichste und spontanste aller menschlichen Funktionen. Es ist Zeit, das anzuerkennen und vielleicht sogar zu lernen, wie man es besser macht. Der Mensch ist das Tier, das sich Sorgen macht. Dieser Zug muß weiterentwickelt werden bis zur Vollkommenheit. Die meisten von uns vernachlässigen diese Betätigung, leben vorsichtig am Rand der Angst dahin, aber springen nicht richtig hinein.

Zum totalen Versinken in das Erlebnis des reinen, erleuchtenden Ärgers empfehle ich eine Variante der Technik der Transzendentalen Meditation, die mir einfiel, nachdem ich in einer gelehrten Zeitschrift etwas darüber gelesen und die Sache an mir selbst ausprobiert hatte. Ich setzte mich auf ein verkehrt im Hof unter einer Buche liegendes Boot. Gemäß der Anweisung entspannte ich mich mit geschlossenen Augen, atmete regelmäßig und wiederholte das empfohlene Wort, von der Art, die bei den Indern »Mantra« genannt wird. In diesem Fall hieß es »uhm« und ich wiederholte es unablässig. Die Bedingungen waren für Weltabkehr günstig. Mein Bewußtsein, das sonst fortwährend nach irgendetwas zu greifen versucht, wollte sich treiben lassen. Plötzlich klingelte das Telephon im Haus, einigemal zwischen geatmeten »uhms«, dann verstummte es. In diesem Augenblick entdeckte ich die Transzendentale Sorge.

Transzendentale Sorge kann man sich jederzeit und in jeder Situation machen. Jeder kann das, ohne Unterschied des Alters, Geschlechts oder Berufs. Anfängern rate ich zu Seancen von 20 Minuten am Morgen vor der Arbeit und am späten Abend vor Eintritt der Schlaflosigkeit.

Setzen Sie sich irgendwo hin, tunlichst allein, und spannen Sie alle Muskeln an. Wenn Sie es sich von vornherein etwas unbequem machen, zum Beispiel auf einem Bootskiel, dann stellt sich die Anspannung schon von selbst ein. Nun schließen Sie die Augen und konzentrieren Sie sich darauf, bis Ihnen die Augenlider leicht zu zittern beginnen. Dann atmen Sie, wobei Sie analytisch über die Muskelanstrengung der Übung nachdenken. Gut ist es, wenn Sie versuchen, immer nur durch das eine Nasenloch zu atmen, wobei Sie links und rechts abwechseln lassen.

Nun kommt das »Mantra«. Das Wort »Sorge« wirkt an sich schon, wenn man es schnell wiederholt. Anspielungen aus der Vorgeschichte steigen schnell auf. Während des Rezitierens des Wortes erinnert man sich, daß der englische Ausdruck dafür, *worry,* aus der indoeuropäischen Wurzel *wer* kommt, aus der auch das deutsche »würgen« stammt. Auch andere unangenehme Wörter aus dieser Quelle werden zweckmäßigerweise assoziiert.

Nun lassen Sie Ihr Bewußtsein frei schweben. Nach etwa drei Minuten werden Sie ein entsprechendes Empfinden haben, fast gleichzeitig mit einem Gefühl, auf falschem

Kurs zu sein und zu sinken. Dieser Empfindungskomplex setzt sich in ein Bewußtsein konzentrierter, unüberwindbarer Schwierigkeiten um.
Bei gutem Erfolg werden Sie einen fernen, rhythmischen Ton hören, das »sing«. Der Ton fällt nicht mit dem Atmen oder dem »Mantra« zusammen. Nach ein paar Minuten fühlen Sie sich den Puls. Das »sing« ist synchron und entspringt irgendwo dem unteren Teil des Kopfes, wahrscheinlich durch einen Wirbel an einer Arterienbiegung oder die Vibration eines Gebildes in einem Gefäß. Jetzt haben Sie Kontakt erreicht.
Nun verbleibt noch, die Intensivierung der Transzendentalen Sorge spontan bis zum nächsten Stadium zu treiben, dem Urschreck. Auf dem Weg dazu zieht ein fast pausenloser Strom von Bildern an Ihnen vorüber, zufällig und flüchtig, ruckweise und zu schnell wie ein alter Film. Viele scheinen trivial, aber alle sind mit dem Gefühl verknüpft, plötzlich durch den Raum zu fallen. (Hier erinnert man sich zweckmäßigerweise daran, daß das lateinische Wort für Schwindel, *vertigo*, ebenfalls von *wer* kommt.) Vielleicht sehen Sie plötzlich Ihre Stromrechnung, die wie ein schreiender Vogel durch die Gegend saust, oder einen schnellen Ablauf von Ziffern, dem man kaum folgen kann, wie an der Zapfsäule. Oder erblicken Sie den letzten überlebenden Buckelwal, der seinen Schwanengesang in die Meerestiefe singt, oder einfach den Fernsehschirm, der mitteilt, daß Entspannung jetzt ein sowjetisch-amerikanisches Herz-Projekt bedeutet. Oder die neuesten wissenschaftlichen Berichte über pulsierende Schwärme von Neutrinos, die aus zusammenbrechenden Sternen kommen; man kann ihnen nicht einmal in einem Bergwerk entgehen. Dann natürlich Watergate. Die Kurven auf

akademischen Tafeln, die alles mögliche voraussagen: die künftige Hundebevölkerung Amerikas, die Rattenbevölkerung in Harlem. Dann Kernexplosionen über und unter der Erde, Selbstmorde in Norwegen, Mißernte in Indien, Größe der Weltbevölkerung. Mondgravitation als Ursache der Kahlköpfigkeit. Unaufhaltsame Kontinentaltrift. Die elektronische Guitarre. Alles gleitet weg, man hat das Gefühl, daß der Teppich unter einem rutscht. Die Bilder fließen zusammen und werden formlos. Alles wird schief und schwabblig wie Gelatine. Wenn Sie diesen Punkt erreicht haben, treten Sie in das letzte Stadium ein: reine Sorge um reine Sorge. Das ist die Quintessenz der Weisheit des Abendlandes. Ich will sie Transzendentale Metasorge (TMS) nennen.

Nun zum Nutzen von TMS. Zunächst gibt sie der Seele einen Inhalt zu Zeiten, wo sie sonst leer wäre. Statt sich aufs Geradewohl Sorgen zu machen, kontinuierlich und unterschwellig, wobei man sich ständig fragt, was man wohl vergessen haben mag, obwohl man sich Sorgen darüber machen sollte, statt dessen kommt man zu dem vollen Erlebnis, alles auf einmal nach einem selbstgemachten Fahrplan.

Zweitens, es gibt Tageszeiten, zu denen es wirklich nichts gibt, worüber man sich Sorgen machen müßte. Diese Stunden werden durch den Kontrast höchst vergnüglich gestaltet.

Drittens — ich habe den dritten Vorteil vergessen. Ein Punkt weniger zur Sorge.

Natürlich hat die Sache auch gewisse Nachteile, die man mitnehmen muß. Zugegebenermaßen ist TMS ein Ersatzerlebnis, ein Surrogat der Wirklichkeit. Man kann es übertreiben, diese Gefahr besteht immer. Eine weitere offensichtliche Gefahr ist das Eindringen der Technik in dieses Gebiet. Sicher werden wir bald Anzeigen lesen, in denen (bei Unzufriedenheit Geld zurück) elektronische Geräte angeboten werden, in schwarzen Kunststoffgehäusen mit Zifferblättern, Kathodenschirmen, Kopfhörern mit eingebauten Tonstößen und Elektroden zum Ansetzen an verschiedenen Kopfstellen, so daß sich die mit reiner TMS verbundenen Hirnwellen identifizieren und nach Belieben wählen lassen. Man wird diese Geräte unter zugkräftigen Namen auf den Markt bringen, etwa Angstverstärker oder Depressionsgenerator. Der Gedanke an solche Sachen ist wieder ein Anlaß zur Sorge, aber vielleicht nicht schlimmer als das durchschnittliche Autoradio.

Ich bitte um Entschuldigung

Die Rolle, die der Beobachter in der biologischen Forschung spielt, ist kompliziert, aber nicht verrückt: er beobachtet einfach, beschreibt, interpretiert, stößt auch manchmal einen kleinen Schrei aus, aber das ist alles. Der Beobachtungsakt ändert nichts wesentliches an den beobachteten Objekten. Jedenfalls nimmt man das an.

In der modernen Physik ist es ganz anders. Das Unbestimmtheitsprinzip bedeutet nicht, daß der Beobachter unvermeidlich den gegebenen Impuls vernichtet oder das Teilchen verschiebt, indem er es beobachtet, obwohl das vorkommt. Der Beobachter und sein Apparat *schaffen* die zu beobachtende Realität. Ohne ihn gibt es die verschiedensten Möglichkeiten für einzelne Teilchen in Wellenmustern jeglicher Art. Die Wirklichkeit, die mit seinen Instrumenten untersucht werden soll, ist nicht einfach da. Sie wird im Laboratorium erschaffen.

Ich habe versucht, darüber nachzudenken, aber mein Geist wollte nicht lange genug stillhalten. Fortwährend stellten sich mir Wörter in den Weg. Das Wörterbuch der Physik ist ein Zauberbuch: »Charme«, »Seltsamkeit«, »starke« und »schwache Kräfte«, »Quarks«. Schon »Materie« ist ein Traumwort. Es kommt aus einer indoeuropäischen Wurzel, die auf die Babysprache zurückgeht: *ma*, woraus *mater* wurde, was sich wieder in Wörter wie Material und Matrix differenzierte. Der Name der Göttin Demeter kam aus dieser Wurzel, als sie noch die Große Mutter der ganzen Erde war.

Bei weiterem Nachdenken fiel mir plötzlich ein, daß ich selbst schon eigene physikalische Beobachtungen gemacht habe, ohne Ausbildung und nur mit einer Bleistiftspitze als Instrument. Am Ende habe ich unbeabsichtigt sogar Schaden angerichtet. Ich hatte nicht die Absicht, etwas zu ändern, und es tut mir leid, eine Störung verursacht zu haben, falls es eine Störung gegeben haben sollte.

Ich saß, ich glaube es war voriges Jahr, einigemal an meinem Schreibtisch in einem Zimmer in einem oberen Stockwerk, das auf die 69. Straße Ost in New York ging. Ich schaute geradeaus auf die Widerspiegelung der Sonne in den Fensterscheiben eines hohen Wohnhauses an der Ecke der 72. Straße und der Dritten Avenue. Die Fensterscheiben, auf denen die Sonne am frühen Nachmittag erscheint, wechseln natürlich ziemlich schnell mit der Tageszeit, langsamer auch mit der Jahreszeit. Wenn ich lange genug hinschaue, sieht mein Auge bis zu acht gelbgrüne Nachbilder der Sonne. Ich kann sie beliebig auf die Wand verpflanzen und alle acht Sonnen nach Belieben auf und ab bewegen.

Nun muß ich sagen, was ich getan habe.

Manchmal setze ich die Bleistiftspitze, am besten bei scharfgespitztem Stift, auf den Mittelpunkt meines Schreibblocks (ich schreibe auf gelbem liniertem Papier), der genau in der Mitte meines Schreibtisches liegt, und fixiere das Auge auf das Wohnhaus an der Ecke der 72. Straße und der Dritten Avenue. Dann halte ich die Bleistiftspitze auf diesen Punkt.

Was tue ich da? Ich ändere das ganze System. Statt daß ich die Erde alle vierundzwanzig Stunden um sich selbst rotieren lasse, halte ich die Bleistiftspitze ganz fest und lasse die Sonne langsam um die 69. Straße Ost rotieren.

Das kann jeder machen. Es ist am Anfang etwas anstrengend, aber nach ein paar Minuten entsprechenden Denkens kann man die 69. Straße Ost als fixen Zentralpunkt empfinden. Nun rollt die Sonne von der rechten Seite hinten herbei und legt ihre große Kreisbahn zurück. Sobald man die Sonne in diese Art der Bewegung versetzt hat, ist es nicht schwer, das übrige Sonnensystem zu organisieren. Das Ergebnis ist, daß sich der ganze Apparat um eine stillstehende Erde dreht. Genauer gesagt dreht er sich um einen Zentralpunkt auf der Oberen Ostseite von Manhattan. Zwar gibt es einige Exzentrizitäten und Asymmetrien, und nicht alles ist klar, aber im ganzen funktioniert das System.

Erst nach einigen Versuchen fiel mir ein, daß notwendigerweise mehr als das Sonnensystem in die Sache verwickelt war.

Man muß die ganze Milchstraße in genau vierundzwanzig Stunden herumschwingen. Dazu kommen die anderen Galaxien, die man nicht einfach im Weltraum baumeln lassen kann. Sie müssen mitgeschwungen werden, genau im Takt mit der Sonne. Während man sie herumdreht und durch den Sonnenwind pfeifen läßt, muß man ihnen gestatten, reibungslos und rhythmisch umeinander zu tanzen, indes ihre eigenen Bestandteile in ihrem Inneren tanzen. Das ist eine gewaltige Aufgabe und man muß die Bleistiftspitze schon recht fest halten, damit alles klappt. Man muß die Sache *ganz* machen, sonst fällt alles in Stücke.

Wenn man will, daß sich die Sonne in vierundzwanzig Stunden vollständig um die Erde dreht, muß man das ganze Weltall heranziehen, alle die Galaxien, alle Objekte im Raum, alles bis zum gekrümmten Rand der Welt.

Das Schwierigste ist die Geschwindigkeit, die man braucht, um die äußersten Sternhaufen durchzuschwingen, so daß alles in vierundzwanzig Stunden seinen Kreis zurücklegt. Das bedeutet ungeheure Geschwindigkeiten, weit über die Lichtgeschwindigkeit hinaus. Sonst bummeln einige Teile, bleiben an den äußeren Rändern zurück, und es klappt nicht. Das Weltall wird alle vierundzwanzig Stunden um die fixierte Erde schwingen, wenn man bereit ist, soviel Zeit aufzuwenden und den Bleistift ganz fest zu halten.

Was mir nun Sorge macht, ist die Wirkung, die all das auf die Kosmologen gehabt haben mag, die vielleicht in Pasadena, oder Puerto Rico, oder Palomar, oder Pittsburgh, oder sonst wo die Dinge beobachten. Wahrscheinlich ist alles während der Zeit, in der ich das Weltall herumschwinge, einigermaßen in Ordnung, vorausgesetzt, daß ich es komplett mache und daß es nicht etwa Bindemembranen an den Rändern gibt, die ich zerrissen habe, ohne es zu wissen. Aber was passiert, wenn ich der Sache müde werde, wie es in der Tat geschieht, und den Bleistift aus der Hand lege, um an etwas anderes zu denken? Meines Erachtens muß es ein gewaltiges Rollen, ein Zittern bis zum Rand der Welt geben, während sich das Ganze wieder auf das alte System einspielt, mit einer Erde, die die Sonne umkreist und sich alle vierundzwanzig Stunden um sich selbst dreht.

Ich muß das vermerken, weil vielleicht einige Korrekturen an den Beobachtungen notwendig sein werden, die ich bei solchen Gelegenheiten gemacht habe. Es fällt mir aber auch ein, daß ich vielleicht nicht der einzige bin, der solche Manipulationen durchführt. Bei näherem Nachdenken erscheint es mir durchaus möglich, daß jemand drüben im

Westteil des Zentralparks in einem Zimmer sitzt und das Weltall um einen Fixpunkt in der 85. Straße dreht. Das kann auch in einem Vorort passieren. Auch noch weiter westlich, bis San Francisco, obwohl das schon über mein Vorstellungsvermögen hinausgeht. So etwas geschieht vielleicht die ganze Zeit. Das Weltall wird hin- und hergedreht, um einen Fixpunkt nach dem anderen. Manchmal drehen die Beobachter die Welt sogar gegeneinander. Man sollte das den Astronomen sagen, bevor es zu spät ist, aus dem Wirrwarr der Ziffern noch etwas zu erkennen.
Es tut mir leid, so etwas gemacht zu haben, aber ich weiß nicht, ob ich aufhören kann. Wenn man einmal die Bleistiftspitze mit all dieser Präzision gehalten hat, auf einen einzigen feinen Punkt gerichtet, und das ganze pfeifende Weltall um diesen Punkt herumgeschwungen hat, wobei die kosmischen Massen bei der notwendigen Geschwindigkeit zu einem Nichts schrumpfen, und wenn man gespürt hat, wie das ganze Zeug ächzt und sich bäumt und fast durchgeht, aber man hält es doch auf Kurs — dann kann man kaum noch aufhören.

Über die Krankheit

Der Meningokokkus, der Erreger der Gehirnhautentzündung, zeigt von fern betrachtet alle Merkmale eines hartnäckigen, gefährlichen Feindes der ganzen Menschheit. Epidemien fegen durch Kasernen, über Schulhöfe, manchmal durch ganze Stadtbevölkerungen. Der Organismus dringt in den Blutstrom ein, dann in den Raum der Meningen, der Gehirnhäute. Das Ergebnis ist die Meningitis, eine furchtbare, in der Zeit vor der Chemotherapie oft tödliche Erkrankung. Der Befall sieht spezifisch aus; der Meningokokkus scheint dem Leben in menschlichen Gehirnhäuten besonders angepaßt. Man könnte sagen, daß er davon lebt, ein Räuber, dessen Beute wir sind.

Es ist aber nicht so. Zählt man die vom Meningokokkus infizierten Menschen und vergleicht sie mit denen, die wirklich an Meningitis erkranken, sieht die Sache anders aus. Die Fälle von wirklicher Meningitis sind immer eine kleine Minderheit. Gewiß ist die Mehrheit infiziert, aber die Infektion beschränkt sich auf den Nasen-Rachenraum und wird in der Regel von den Infizierten gar nicht bemerkt. Nach ein paar Tagen erzeugen sie Antikörper gegen den Meningokokkus; der Organismus kann in der Rachenschleimhaut weiterleben oder auch nicht, aber die Sache ist damit zuende. Es kommt nicht zu einem Eindringen in das Zentralnervensystem.

Die Fälle von Meningitis, tatsächlicher Gehirnhautentzündung, sind Ausnahmen. In der Regel ist die Meningokokkeninfektion eine gutartige, vorübergehende Infektion der oberen Atemwege, kaum wirklich eine Infektion zu nennen, eher ein stilles Miteinanderleben. Es ist noch unbekannt, warum sich bei manchen Patienten eine Gehirnhautentzündung entwickelt, aber das geht wahrscheinlich nicht auf eine besondere Vorliebe der Bakterien für diese Gewebe zurück. Vielleicht fehlt etwas in den Abwehrmechanismen der Befallenen, irgend etwas spezielles, und die Meningokokken können eintreten, werden sozusagen eingeladen. Wie immer das sein mag, ist die Krankheit eine abnorme Erscheinung der Natur, eher ein Zufall.

Das Virus der lymphozytären Choriomeningitis, einer durch Ansammlung gewisser weißer Blutzellen, der Lymphozyten, gekennzeichneten Variante der Krankheit, ist in Mäusen allgemein zu finden. Es handelt sich um eine tödliche Form der Gehirnhautentzündung, bei der das Exsudat über der Gehirnfläche zur Gänze aus Lymphozyten besteht. Auf den ersten Blick sieht die Krankheit wie Befall und Schädigung des Zentralnervensystems durch ein Virus aus, das für ein solches Verhalten spezifisch adaptiert ist. In Wirklichkeit beruht die Krankheit aber auf einer Besetzung der Gehirnfläche durch die eigenen Lymphozyten des Wirts, nicht auf einer neurotoxischen Eigenschaft des Virus. Man kann die Lymphozytenreaktion verhindern, zum Beispiel durch Verursachung einer Infektion im fötalen Stadium, so daß sich »Toleranz« gegen das Virus entwickelt. Dann findet man überall eine dauernde Virusinfektion, auch im Zentralnervensystem, aber von einer Gehirnkrankheit ist nichts zu merken. Wenn man nun die Immunreaktion wiederherstellt, indem man dem Tier ein Stück Lymphgewebe von normalen, nichttoleranten Mäusen einpflanzt, tritt binnen wenigen Tagen Meningitis auf. Die neuen Lymphozyten schwärmen auf der Jagd nach dem Virus über die Oberfläche des Gehirns, und das ist fatal. Die Krankheit ist im Grunde das Resultat der Reaktion des Wirts auf das Virus.

Das Kortison, zu dessen vielen Eigenschaften die Fähigkeit gehört, gewiße Abwehrreaktionen gegen Bakterien zu verhindern, scheint auch die auffallendsten klinischen Manifestationen von Infektionskrankheiten sozusagen abzuschalten. Zu Anfang der fünfziger Jahre, als Kortison für die klinische Forschung verfügbar wurde, behandelte Dr. Finland einige Patienten, die an Pneumokokken-Lobarpneumonie und primärer atypischer Pneumonie (Formen der Lungenentzündung) litten, mit Kortison. Zunächst schien es eine Wunderkur. Binnen Stunden verschwanden Fieber, Unwohlsein, Schwäche, Brustschmerzen und Husten. Die Patienten fühlten sich völlig gesund, verlangten eine Mahlzeit und wollten aufstehen. Das Röntgenbild jedoch zeigte eine erschreckende Ausdehnung des Prozesses. Das Experiment mußte sofort eingestellt werden. Andere Beobachter berichteten anschließend über eine ähnliche dramatische Ausschaltung der Krankheitssymptome bei Typhus und Rickettsieninfektion, leider wieder im Austausch mit verstärkter Ausbreitung der faktischen Infektion.

Die deutlichsten Beispiele für eine Steuerung der Krankheitsmechanismen durch den Wirt sind die Reaktionen, die man bei Tieren mit den Lipopolysaccharid-Endotoxinen gramnegativer Bakterien hervorrufen kann. (Endotoxine sind in der Bakterienstruktur — vgl. S. 74 — enthaltene Giftstoffe, im Gegensatz zu den Exotoxinen, die vom Bakterium nach außen abgegeben werden. Lipopolysaccharide sind Verbindungen von Fetten und Zuckern. Die gramnegativen Bakterien, zu denen viele der bekanntesten Krankheitserreger gehören, reagieren auf den Gram-Test negativ.) Das mikrobielle Toxin scheint hier an sich nicht giftig zu sein. Das Material hat starke Wirkung auf die verschiedensten Zellen und Gewebe, darunter die polymorphkernigen Leukozyten (weiße Blutzellen mit verschieden gestalteten Kernen), die Blutplättchen, Lymphozyten und Makrophagen (große Freßzellen), die glatte Arteriolarmuskulatur, das Komplement und den Gerinnungsmechanismus. (Das Komplement besteht aus Fermenten, die das Bakterium auflösen, aber nur bei Anwesenheit eines Immunkörpers.) Alle diese Effekte sind eigentlich normal und kommen im täglichen Leben des Organismus ständig vor. Ein Malheur wird nur daraus, wenn der Wirt sie sozusagen alle auf einmal einschaltet, als Antwort auf ein Alarmsignal. Das führt zu weitgehender Gewebezerstörung wie bei der in der Medizin bekannten Shwartzman-Reaktion, oder zu einem allgemeinen Kreislaufversagen wie beim Endotoxin-Schock. Die Shwartzman-Reaktion kann auf einfache Weise verhindert werden; man muß nur einen der Teilnehmer lahmlegen. Man schaltet zeitweilig die polymorphkernigen Leukozyten mit Senfgas aus oder verhindert die Blutgerinnung mit Heparin. Die so behandelten Tiere entwickeln weder eine lokale noch eine allgemeine Shwartzman-Reaktion. Die Phänomene des letalen Schocks können durch Vorbehandlung mit Kortison gänzlich verhindert werden.

Man weiß nicht, auf welche Weise das Endotoxin das Signal hervorruft, aber der Mechanismus scheint in der

Natur schon sehr alt zu sein. Zu den empfindlichsten Versuchstieren gehört die Hufeisenkrabbe, *Lipulus polyphemus.* Spritzt man ihr 1 Mikrogramm (Tausendstelgramm) Lipopolysaccharid ins Blut, erfolgt eine heftige Reaktion; die kreisenden Blutzellen bilden dichte Aggregate, die von einem geronnenen, aus ihnen selbst stammenden Eiweißkörper zusammengeklebt werden. Der Blutstrom kommt zum Stillstand, das Tier stirbt. Das sieht zunächst wie eine stark übertriebene Abwehrreaktion aus, die den *Limulus* gegen das Eindringen gramnegativer Keime schützen soll. Frederick Bang hat gezeigt, daß die Granula (Körnchen) der Blutzellen ein gerinnbares Protein (Eiweiß) enthalten, das abgesondert wird, wenn gramnegative Bakterien in das Gewebe eindringen. Die Bakterien fangen sich, so nimmt man an, in den Fasern dieses Proteins und werden dann phagozytiert (von Freßzellen vertilgt). Wenn man das reine Endotoxin ins Blut spritzt, hat das einen Propagandaeffekt. Es bedeutet die Information, daß überall Bakterien sind und eingefangen werden müssen. Alle Blutzellen sondern sogleich das Protein ab. Man weiß sogar, daß es für den Empfang des Signals einen Rezeptor gibt, der sich in Blutzellextrakten findet. Man hat daraus eine höchst empfindliche Methode zur Messung des Endotoxins entwickelt. Man verwendet Extrakt aus den Blutzellen von *Limulus.* In ihm ruft schon eine Konzentration von 1 Nanogramm (Milliardstelgramm) Lipopolysaccharid im Milliliter Gerinnung hervor.

Vom Standpunkt der Hufeisenkrabbe ist das sicher ein wertvoller, wirksamer Mechanismus zur Fernhaltung von Krankheitskeimen. Bei einzelnen Mikroorganismen oder kleinen Gruppen von solchen ist er ungefährlich. Aber wenn Bakterien in großer Zahl die Schranke durchbrechen oder wenn man das Endotoxin einspritzt, wird das eine kostspielige Abwehrmethode. Der Abwehrmechanismus wird selbst zur Krankheit und Todesursache, während die Bakterien nur eine Zuschauerrolle spielen und von ihrem Standpunkt aus unschuldig sind.

Auch wenn die Bakterien frontal giftig für die Wirtszellen sind und sie zerstören, etwa wie bei den Organismen, die Exotoxine hervorbringen, so ist es doch fraglich, ob der Zusammenstoß ein direkter ist. Der Diphtheriebazillus wäre kein Krankheitserreger, wenn er nicht sein Toxin hätte, aber die Reaktion zwischen Toxin und Zelle erfordert enge Zusammenarbeit. Die Zelle muß das Gift erkennen, es muß genau in ihren molekularen Apparat passen, um für einen normalen Teilnehmer an der Eiweißsynthese gehalten zu werden. Ferner ist das Toxin gar nicht die eigene Idee des Diphtheriebazillus; es wird vom Bakterium nach den Anweisungen eines Virus erzeugt, des Bakteriophagen. Nur die Organismen, die sich von Viren instruieren lassen, sind toxigen (gifterzeugend). Die Diphtherie ist nicht einfach eine Infektion durch den Diphtheriebazillus; sie ist eine Infektion durch einen Bakteriophagen, dessen Lebensaufgabe darin besteht, den Bazillus zu infizieren. Der Phage besitzt eine genetische Information, die ihn befähigt, das Bakterium zur Erzeugung eines Toxins zu veranlassen. Es ist denkbar, das er diese Information im Zuge langer Intimität mit dem Wirt erworben hat; deshalb ist das Toxin den Zellbestandteilen des Wirts so ähnlich.

Das sind gewiß merkwürdige Verhältnisse, nicht die einfachen Räuber-Beute-Beziehungen, die wir für Infektionskrankheiten gern annehmen. Es ist schwer einzusehen,

welchen Gewinn der Diphtheriebazillus eigentlich davon hat, daß er ein solches Toxin erzeugen kann. Die Korynebakterien (Klasse, zu der die Diphtherieerreger gehören) erzeugen in der Luftröhre nekrotische Pseudomembranen. Nun leben sie eigentlich ganz gut in den Häuten der menschlichen Atemwege und es bringt ihnen keinen Nutzen, solche Membranen hervorzurufen. Vielmehr bringen sie damit den Wirt um und die Beziehung ist zuende. Das Ganze erscheint nicht sinnvoll und stellt eher eine biologische Konfusion dar als einen Evolutionsvorteil.
Das bösartigste aller mikrobiellen Exotoxine ist für den Menschen das Botulin (das Gift der Fleischvergiftung, das von dem Bakterium *Clostridium botulinum* stammt). Das Gift ist hier zweifellos sekundär. Das gilt auch für den Starrkrampf (Tetanus) und sein Toxin. Diese Mikroorganismen sind wie der Diphtheriebazillus, auch der A-Streptokokkus und sein erythrogenes (rötendes) Toxin, nur toxigen (gifterzeugend), weil sie von einem Phagen infiziert sind. Wenn es allgemein zutreffen sollte, daß Bakterien nur dann Exotoxine erzeugen, wenn ihnen ein Virus die Anweisungen dazu liefert, wäre das mehr als mysteriös.
Anläßlich der ersten Mondlandung versicherte man uns, daß sorgfältige Vorkehrungen getroffen waren, um das Leben auf der Erde, besonders das menschliche, gegen Infektion durch irgendwelche Organismen vom Mond zu schützen. Nach jeder Rückkehr der ersten Mondbesucher gab es eine ausgeklügelte Zeremonie der lunaren Asepsis. Die Mondfahrer mußten maskiert hinter Glas sitzen und eine Quarantäne durchmachen, bis es sicher war, daß sie uns nicht anstecken würden. Der Gedanke, daß es überall um uns Keime gibt, die auf uns losgehen, uns auffressen

und vernichten wollen, ist fest im modernen Bewußtsein verankert. Man glaubte deshalb, daß fremde Keime vom Mond noch schlimmer und auch schwerer zu bekämpfen sein könnten.
Es stimmt natürlich, daß überall um uns Keime sind. Sie machen einen erheblichen Teil des Bodens aus und fliegen massenhaft in der Luft herum. Aber es ist sicher nicht wahr, daß sie unsere natürlichen Feinde sind. Vielmehr ist es erstaunlich, daß nur eine winzige Minderheit der Bakterien der Erde sich überhaupt für uns interessiert. Im allgemeinen begegnen sich Bakterien und höhere Lebewesen erst nach dem Tod der letzteren; die Mikroben nehmen am Kreislauf der Elemente des Lebens teil. Offenkundig ist das die Haupttätigkeit der Mikrobenwelt; sie hat nichts mit Krankheit zu tun.
Es ist wahrscheinlich richtig, daß symbiotische Beziehungen zwischen Bakterien und ihren vielzelligen Wirten in der Natur weit häufiger sind als die Infektionskrankheiten. Man zähle einmal alle die unentbehrlichen Mikroben, die in den Verdauungswegen vieler Organismen leben und Nährstoffe, oder Enzyme zum Abbau der Nahrung, liefern, dann die merkwürdigen Bakterienaggregate, die wie notwendige Organe in den Geweben vieler Insekten leben, ferner die bakteriellen Symbionten, die in den Knöllchen der Leguminosen Stickstoff fixieren — die Zahl der Symbiosen ist überwältigend. Daneben erscheint die Liste der bakteriellen Infektionen des Menschen recht kurz.
Freilich wäre es wohl anders, wenn wir weniger von sanitären Maßnahmen, richtiger Ernährung und den Folgen überfüllter Räume wüßten. Wo das fehlt, geht es den Neugeborenen schlecht. Die Hauptursache der Säuglingssterblichkeit ist die Darminfektion, die aus einer ver-

unreinigten Umwelt kommt. Doch sind im ganzen die Infektionen eine geringere Gefahr geworden, seit wir uns zivilisiert und Wasserleitungen installiert haben, und durch die Antibiotika ist die Gefahr noch geringer geworden.

Aber auch in früheren Zeiten, in den Jahrhunderten der großen Seuchen, war der Angriff der Mikrobe auf den Menschen weniger heftig als die Reaktion der Abwehrmechanismen des Wirts. Die Lepra ist wie die Tuberkulose eine zerstörende Krankheit, aber die Zerstörung ist zum großen Teil immunologisch, vom Wirt gelenkt. Die Folgen der Syphilis wie Arteritis und wahrscheinlich auch Tabes beruhen zumindest teilweise auf immunologischen Reaktionen gegen die Spirochäten.

Heute sind die meisten Infektionskrankheiten eingedämmt, aber es verbleibt uns eine Liste wichtiger Leiden, die man »degenerativ« zu nennen beliebt. Dazu gehören chronische Gehirn- und Rückenmarksleiden, die chronische Nierenentzündung, die arthritische Arteriosklerose und verschiedene auf Kreislaufstörungen beruhende Krankheiten. Zwar ist der tiefere Mechanismus dieser Krankheiten großenteils noch rätselhaft, aber es verbreitet sich die Ansicht, daß sie auf Umwelteinflüsse zurückgehen, auf Dinge, die wir essen oder einatmen oder berühren. Wie im Fall der Krebskrankheit suchen wir nach äußeren Ursachen, wenn etwas schiefgeht.

Es kann sich aber nach tieferer Erforschung der Pathogenese (Krankheitsentstehung) herausstellen, daß die Ursachen der Gewebeschäden bei diesen Krankheiten in Wirtsmechanismen liegen, also im Grunde vom Wirt ausgehen. Es ist unsere komplizierte Struktur, die uns so empfindlich macht. Wir sind Systeme von Mechanismen, in denen schon die winzigsten Störungen eine endlose Kette koordinierter, feingeplanter Wechselwirkungen zerreißen können.

Die Erläuterungen der Fachausdrücke sind vom Übersetzer eingefügt.

Über den natürlichen Tod

Es gibt jetzt so viele neue Bücher über das Sterben, daß man besondere Regale für sie in den Buchläden aufstellt, ähnlich wie für Gesundheitsdiäten, Anweisungen zu häuslichen Reparaturen und Sex-Handbücher. Manche enthalten so genaue Informationen und Instruktionen für jeden Schritt bei dieser Funktion, daß man glaubt, eine neue Kunst vor sich zu haben, die wir jetzt alle lernen müssen. Beim Durchblättern gewinnt man den Eindruck, daß es ein ungewöhnliches, geradezu exotisches Erlebnis ist, richtig zu sterben, und daß man das nur nach einer speziellen Ausbildung tun kann.

Man wird zu der Annahme verleitet, daß wir die einzigen Lebewesen sind, die sich des Todes bewußt werden können, und daß es bei der übrigen Natur, wenn sie in ihrem Kreislauf durch das Sterben geht, Generation auf Generation, ein ganz anderer Vorgang ist, automatisch und trivial, »natürlicher«, wie wir sagen.

Eine Ulme in unserem Hof wurde letzten Sommer von einem Pilz befallen und war fast über Nacht tot, blattlos und abgestorben. An dem einen Wochenende war es eine normal aussehende Ulme, stellenweise kahl, aber nichts erschreckendes, und am nächsten Wochenende war sie weg. Es kam der Baumspezialist mit einer Mannschaft junger Gehilfen und demontierte den Baum Ast für Ast. Dann wurde der Baum auf einem roten Lastwagen weggefahren, wobei alles sang.

Das Sterben einer Feldmaus zwischen den Zähnen einer liebenswürdigen Hauskatze habe ich oft gesehen. Es ließ mich zurückschaudern. Anfangs warf ich Holz nach der Katze, damit sie die Maus losließe. Aber ich gab das bald auf, denn die Maus starb trotzdem. Ich rief der Katze immer Schimpfworte zu, denn sie sollte wissen, was für ein Mistvieh sie geworden war. Die Natur ist doch scheußlich, dachte ich.

Kürzlich dachte ich über die Maus nach, und ich frage mich jetzt, ob ihr Sterben wirklich so verschieden vom Hingang unserer Ulme ist. Ich glaube nicht, daß dieser Baum über Schmerzrezeptoren verfügt. Selbst in diesem Falle dürfte der Pilzbefall eine ziemlich schmerzlose Art des Abgangs sein. Aber die Maus, die zwischen den Zähnen einer grauen Katze baumelt, ist wohl etwas anderes, sollte man denken. Die Schmerzen müssen unerträglich sein.

Es gibt heute plausible Gründe für die Annahme, daß es durchaus nicht so ist. Man kann sich das Sterben der Maus, wenn man will, ganz anders vorstellen. In dem Augenblick, wo sie gefangen und von Zähnen durchbohrt wird, werden aus dem Hypothalamus und der Hypophyse gewisse Peptidhormone freigesetzt. Diese Stoffe, Endorphine genannt, setzen sich an die Schmerzrezeptoren der Zellen an. Sie haben die pharmakologischen Eigenschaften des Morphiums, es gibt keinen Schmerz. Deshalb hängt die Maus so schlaff zwischen den Zähnen der Katze, bleibt ruhig liegen, wenn sie fallen gelassen wird, und stirbt ohne Todeskampf an ihren Verletzungen. Wenn sie mit den Achseln zucken könnte, täte sie es.

Ich weiß nicht, ob das wahr ist, und weiß nicht, wie man es beweisen könnte, auch wenn es wahr ist. Wenn man

schnell zugreifen und Naloxon injizieren würde, den Antagonisten des Morphiums, könnte man vielleicht die Endorphine blockieren und die Wiederherstellung des Schmerzes beobachten, aber das möchte ich weder machen noch ansehen. Ich will es nun bei dieser Auffassung belassen, einer vielleicht berechtigten Vermutung über das Sterben einer von der Katze gekauten Maus, vielleicht über das Sterben im allgemeinen.
Montaigne erlebte eine Ahnung vom Sterben, als er bei einem Reitunfall nahe daran kam. Er war so schwer verletzt, daß ihn seine Gefährten für tot hielten und unter Wehklagen nach Hause trugen, »voller Blut, am ganzen Körper von dem verlorenen Blut befleckt«. Obwohl er »zwei volle Stunden tot« war, erinnert er sich mit Verwunderung an die ganze Episode:

»Es schien mir, daß mein Leben nur noch an meinen Lippen hing. Ich schloß die Augen, um es — so schien es mir — hinauszublasen, und empfand es angenehm, zu erschlaffen und mich gehen zu lassen. Der Gedanke schwebte sozusagen nur an der Oberfläche meiner Seele, zart und schwach wie alles übrige, aber wirklich nicht nur frei von Schmerz, sondern gemischt mit dem süßen Gefühl, das Leute haben, die sich haben in den Schlaf gleiten lassen. Ich glaube, es ist derselbe Zustand, in dem sich Menschen befinden, die in der Agonie bewußtlos werden. Ich behaupte, daß wir sie ohne Grund bedauern ... Um sich an den Gedanken des Todes zu gewöhnen, gibt es nach meiner Ansicht nichts besseres, als ihm ganz nahe zu kommen.«

In einem anderen Essay kommt Montaigne darauf zurück:

»Wenn Sie nicht wissen, wie man stirbt, bemühen Sie sich nicht. Die Natur wird Sie in einem Augenblick vollständig und ausreichend instruieren. Sie wird die Sache für Sie machen. Kümmern Sie sich nicht weiter.«

Der ärgste Unfall, den ich erlebt habe, ereignete sich in Okinawa in den ersten Tagen der Kämpfe gegen die Japaner. Ein Jeep stieß mit einem Schützenpanzer zusammen und wurde fast plattgepreßt. Drinnen saßen zwei junge Militärpolizisten, in verbogenem Stahl gefangen, beide tödlich verletzt, man sah nur Kopf und Schultern. Wir sprachen mit ihnen, während man sie mit Brennern freizumachen suchte. Sie entschuldigten sich für den Unfall. Nein, sagten sie, sie fühlten sich tadellos. Sind alle anderen okay, fragte der eine. Schon recht, sagte der andere, laßt euch Zeit. Und dann starben sie.

Der Schmerz ist zweckmäßig zum Ausweichen, zum Davonlaufen, wenn noch Zeit zum Davonlaufen ist, aber wenn es das Endspiel ist, kein Weg zurück, dann wird wahrscheinlich der Schmerz abgeschaltet. Die Mechanismen dazu sind wunderbar präzise und schnell. Wenn ich ein Ökosystem ausdenken sollte, in dem die Wesen voneinander leben müssen und das Sterben ein notwendiger Teil des Lebens ist, könnte ich mir keine bessere Einrichtung vorstellen.

Eine Auslandsreise

Ich glaube keinen Augenblick, daß wir uns dem Ende menschlicher Überraschungen nähern, obwohl uns hochgelehrte Wissenschaftler lautstark erklären, daß es nach der Molekularbiologie und Astrophysik wirklich nicht mehr viel über die Materie zu lernen gibt. Ausgenommen, fügen sie stets hinzu, die Natur des menschlichen Bewußtseins, und das, fügen sie stets hinzu, liegt wegen des Unbestimmtheitsprinzips außerhalb unserer Reichweite. Gemeint ist: unser Denken kann nicht stillhalten, wenn wir es untersuchen wollen.

Es könnte einen Ausweg geben. Es könnte sich herausstellen, daß das Bewußtsein ein viel allgemeinerer Mechanismus ist, den wir mit allen anderen Objekten der Biosphäre teilen. Da wir vielleicht doch nicht ganz so zentral sind, wie wir meinen, könnten wir noch einen Blick darauf werfen, aber für diese Art Neurobiologie werden wir eine neue Technik brauchen. Dann werden wir wahrscheinlich finden, daß noch eine ganze Ewigkeit des Staunens vor uns liegt. Natürlich vorausgesetzt, daß wir noch da sind.

Um den Weg auf der nächsten Strecke zu finden, brauchen wir unsere Wissenschaftler, aber für die längere Zukunft brauchen wir die Dichter. Wir müssen sie eingehender befragen und ihnen genauer zuhören. Ein Dichter ist schließlich eine Art Wissenschaftler, aber er betreibt eine qualitative Wissenschaft, in der nichts meßbar ist. Er lebt mit Daten, die man nicht ziffernmäßig ausdrücken kann, und seine Experimente kann er nur einmal machen. Die in einem Gedicht enthaltene Information ist wesensgemäß nicht reproduzierbar. Er probiert irgendetwas, das ihm gerade einfällt. Vieles fällt ihm ein, und seine Kunst besteht in der Fähigkeit, schnell zu entscheiden, was er behalten und was er verwerfen will. Er wird zum Äquivalent eines Wissenschaftlers: er prüft und sortiert die Einfälle, stellt entfernte Ähnlichkeiten fest, entfernte Verwandtschaften, kleine Unregelmäßigkeiten, die anzeigen, daß A eigentlich dasselbe ist wie B, nur wichtiger. Er schätzt, was zusammenpaßt, und kann Stücke der Welt genau zusammenfügen, in geometrischen Konfigurationen, die so schön und gleichmäßig sind wie Kristalle. Musiker und Maler hören zu — und kopieren, was sie hören.

Ich wollte, daß die Dichter klare Antworten auf klare Fragen geben könnten. Man könnte aber genau so gut die Astrophysiker auffordern, ihre Berechnungen an den Fingern abzuzählen. Ich möchte gerne wissen: was soll ich mir heute von der Erde denken? Wo ist die ganze alte Natur hin? Was ist aus der wilden, wogenden, unnahbaren Masse des Lebens in der Welt geworden, was aus unserer alten Erregung darüber? In den fünfzig Jahren, die vergangen sind, seit ich ein kleiner Junge in einem Vorort war, ist die Welt zu einem Gebilde aus Stahl und Kunststoff geworden, verständlich und geschrumpft. Meine Welt war ein mysteriöser Ahornhain in einem Dorf am Rand von New York. Diese Welt ist samt allen Bäumen und allem, was sonst darin war, ratzekahl verschwunden. Sie ist jetzt ein Zellgewebe von Wohnblocks, das aus einer Matriz von Zement sprießt, die ein Gebiet bedeckt, wo einmal 25.000 Menschen wohnten, die auf Gras gingen. Jetzt wohne ich in einem anderen, entfernteren Vorort, in einer Straße mit Bäumen und Wiesen. Nachts höre ich eine Flut von sanftem Betongeräusch von der Autobahn, die von New York herführt.

Fliegt man um die Erde und schaut hernieder, so sieht man, wie wir uns überall eingenistet haben. Alle Felder sind bebaut. Alle Berge sind erstiegen und man bedeckt sie mit Beton und Kunststoff. Manche Berge wie die Appalachen schneidet man einfach weg wie Bäume. Die Fische sind domestiziert, werden in abgegrenzten Weidegründen unter Wasser gezüchtet. Von den Tieren werden bald nur Rinder und Schafe übrig sein, die wir für unsere Nahrung brauchen, dazu die Hunde und Katzen in unseren Häusern, die wir mit den letzten Resten von Walfleisch füttern. Auch Ratten und Küchenschaben und ein paar Reptilien.

Die geflügelten Insekten verschwinden, ebenso die Vögel und sogar das Kalzium in den Eierschalen.

Wir haben die Herrschaft über die Natur angetreten. Die Erde gehört uns, ist unser Gemüsegarten, bis wir gelernt haben, Chlorophyll chemisch zu erzeugen und in Kunststoffmembranen in die Sonne zu legen. Wir werden eine Geisterbahn auf den Mount Everest bauen.

Alles werden wir beherrschen und lenken. Was machen wir dann? An langen Sonntagnachmittagen? Deshalb untersuchen wir wohl jetzt so emsig die dunklen, kahlen Flanken des Mars mit seiner grauenhaften Leblosigkeit. Es ist, wie wenn eine Familie sich mit dem Lesen von Reiseprospekten beschäftigt.

Von allem kann es ein Zuviel geben. Weil wir so ungeheuer zahlreich sind und so schnell prothesenartige Geräte entwickelt haben, mit denen wir uns um die ganze Erde herum sehen und hören können, sind wir ganz besessen von uns. Es scheint uns, daß es auf der Erde nichts von Bedeutung gibt als uns.

Wir sollten einmal verreisen, wenigstens für einige Zeit. Ein Tapetenwechsel täte uns gut.

Die Schwierigkeit liegt in der Unwirtlichkeit aller nahegelegenen Planeten. Man hofft zwar auf unsere »grünen Daumen«, mit denen wir Leben auf den Mars oder Titanus bringen könnten. Aber es kann sein, daß wir Pech haben und nicht eine Spur von Leben auf diesen Planeten schaffen können. Was hindert uns, es weiter draußen zu versuchen? Wenn wir lernen könnten, vor dem Sonnenwind zu segeln, könnten wir so weit fahren, wie der Wind reicht, unterwegs die Gravitation prüfen, Versuche mit freiem Fall machen, dem Glück vertrauen, etwas riskieren. Es wäre wie in der guten alten Zeit.

Über unerbetene Einmischung

Wenn man einem komplexen sozialen System gegenübersteht, einem Stadtzentrum oder einem Hamster, mit Dingen darin, die einem nicht gefallen und die man in Ordnung bringen möchte, dann kann man nicht einfach hineingehen und Ordnung machen. Das hat wenig Aussichten. Diese Erfahrung gehört zu den Enttäuschungen unseres Jahrhunderts. Jay Forrester hat es mathematisch bewiesen. Er hat Computermodelle für Städte hergestellt und gezeigt, daß alles, was man nach dem gesunden Menschenverstand versucht, fast immer die Lage verschlechtert statt verbessert. Man kann nicht von außen in einen Teil eines komplexen Systems eingreifen, ohne fast mit Sicherheit katastrophale Geschehnisse in anderen, entfernteren Teilen hervorzurufen, mit denen man nicht gerechnet hat. Wenn man etwas ausrichten will, muß man unbedingt zunächst das ganze System bis in die Einzelheiten verstehen. Bei sehr großen Systemen braucht man dazu einen sehr großen Computer. Auch dann ist es am besten, danebenzustehen und die Hände zu ringen, aber nichts anzufassen.

Eingreifen ist eine Methode, Schwierigkeiten zu erzeugen. Wenn das stimmt, läßt es an eine neue Haltung zu den Problemen der Städte denken, die aus der experimentellen Pathologie stammt: vielleicht geht manches, das schiefgegangen ist, auf jemandes gutgemeinte Hilfsversuche zurück.

Es vereinfacht die Probleme. Statt einzumarschieren und alles zu ändern, versuche man behutsam einen Finger hineinzustecken und den Störenfried zu entfernen.
Die Identifizierung und Entfernung isolierter Einmischer gehört zu den Aufgaben der modernen Medizin, zumindest für die Behandlung von Krankheiten, die von identifizierbaren Mikroorganismen verursacht werden. Die Analogie zwischen einer Stadt mit Zersetzungserscheinungen und einem kranken Organismus ist nicht zu weit hergeholt. Man nehme zum Beispiel die Syphilis. In der Zeit vor der Entdeckung mikrobieller Krankheitsmechanismen war ein Patient mit fortgeschrittener Syphilis ein komplexes System, das ohne ersichtliche, isolierbare Ursache in Unordnung gekommen war. Das Verfahren der damaligen Medizin bestand darin, sich einzumischen. Die Analogie wird noch deutlicher, wenn wir uns einmal vorstellen, was geschehen würde, wenn wir alles von der modernen Medizin wüßten mit Ausnahme der mikrobiellen Infektion und der Spirochäten. Was würden wir nicht alles machen, um einzugreifen: wir würden neue Arten der Psychotherapie erfinden, um das unrichtige Denken des Paralytikers zu korrigieren, bei kardiovaskulärer Lues ein neues Herz mit angehängter Aorta einpflanzen, bei Tabes immunosuppressive Mittel verabreichen, um die Autoimmunreaktion zu verhindern, die Gummigeschwülste (Syphilome) der Leber entfernen und so weiter. Wir würden Vermutungen über die Rolle des »Stress« bei dieser »multifaktoriellen« Krankheit anstellen, und es gäbe massenhaft Vorschläge für eine »ganzheitliche« Behandlung, vom Wohnungswechsel bis zu präsidentiellen Kommissionen über die Luftverunreinigung. Früher hätte man eifrig zur Ader gelassen, geschröpft und abgeführt, und manche hätten

mit Beschwörungen oder schamanistischer Massenekstase gearbeitet. Das alles sollte im ganzen Körper eine Wendung zum Besseren bringen.

Das sind die klassischen Beispiele medizinischen Eingreifens in der vorwissenschaftlichen Zeit. Zweifellos haben sie mehr geschadet als genützt, ausgenommen vielleicht die Beschwörungen.

Mit der Syphilis ist die Sache natürlich heute einfach. Da wir sicher wissen, daß die Spirochäten die Einmischer sind, greifen wir vorsichtig ein und beseitigen diesen Mikroorganismus. Geschieht das bald genug, ehe das System in Stücke zerfällt, kommt alles in Ordnung und das Problem löst sich von selbst.

In pathologischen sozialen Systemen ist die Sache komplizierter. Da kann mehr als ein Einmischer am Werk sein, es können sogar sehr viele sein. Es kann sogar ein System von Einmischern geben, die alle Teile des Systems durchdringen, die man reparieren will. Dann ist das Problem schwieriger, aber man kann es immer noch angehen und lösen, wenn man einmal das Faktum der Einmischung festgestellt hat.

Hier höre ich Proteste, wonach ich eine neue Dämonologie verkünde und äußere Ursachen für von innen kommende pathologische Erscheinungen postuliere. Liegt es nicht im Wesen komplexer sozialer Systeme, ganz von selbst in Unordnung zu kommen, ohne äußere Ursache? Man denke an die Überbevölkerung. Man denke an Calhouns bekanntes Modell, seine absichtlich überfüllten Rattenkolonien mit ihrer bösartigen Sozialpathologie, die angeblich von ihrem anlagemäßigen Verhalten kommt. Durchaus nicht, ist meine Antwort. Man braucht nur den Einmischer zu finden, in diesem Falle Professor Calhoun, und das System kommt wieder in Ordnung. Die Schwierigkeit liegt bei diesen Ratten nicht in einer angeborenen Tendenz, bei Gedränge böse zu werden, sondern in dem Wissenschaftler, der sie aus der großen Welt nahm und in eine kleine Kiste sperrte.

Ich weiß nicht, wer die Calhouns von New York City sind, aber es scheint mir eine bescheidene Forderung, sie zu suchen, zu identifizieren und säuberlich zu entfernen. Ohne sie und ihre Einmischung wird das System durchaus funktionieren. Vielleicht nicht ganz vollkommen, aber man wird damit leben können.

Es gibt eine Liste von Krankheiten, die in der Medizin »idiopathisch« genannt werden, was bedeutet, daß wir ihre Ursachen nicht kennen. Die Liste ist heute viel kürzer als früher. Vor hundert Jahren nannte man Infektionskrankheiten wie Typhus und tuberkulöse Meningitis »idiopathisch«. Als der Ausdruck in die Medizin kam, hatte er eine andere, mehr theoretische Bedeutung. Man glaubte, daß die Krankheiten des Menschen von sozusagen eingebauten inneren Fehlern herrührten, von Entgleisungen der inneren Säfte. Das Wort »idiopathisch« bedeutete wörtlich eine Krankheit eigenen, inneren Ursprungs, ein primäres Leiden ohne äußere Ursache. Wie gesagt, ist das Verzeichnis solcher Krankheiten mit dem Fortschritt der Medizin sehr geschrumpft. Der Ausdruck hat den Charakter eines Lehrsatzes verloren. Man sagt »idiopathisch« nur noch, wenn man ausdrücken will, daß die Ursache einer Krankheit unbekannt ist. Wahrscheinlich wird man noch daraufkommen, daß alle Krankheiten auf irgendeine unerbetene Einmischung zurückgehen, und mit der Idiopathie wird es aus sein.

Im Laufe der Zeit, und mit einigem Glück, könnte es in den Sozialwissenschaften ebenso kommen.

Über Kommissionen und ähnliche Körperschaften

Die Merkmale der Individualität sind in unserem Verhalten festgelegt, unzweideutig, unwiderruflich, ob wir in Gruppen beisammenstehen oder allein spazieren gehen. Außerhalb eines Laboratoriums lassen sich die einmaligen immunologischen Etikette eines Menschen nicht von einem anderen wahrnehmen. Wir können auch die pheromonischen (geruchsmäßigen) Unterschiede zwischen uns nicht sicher riechen. Wir können uns nur daran halten, wie wir gehen, Laute formen, Briefe schreiben, den Kopf drehen. Das ist aber wirklich unfehlbar. Niemand ist genau wie der andere; man mag hier und dort an jemand anderen erinnern, aber es gibt keine Duplikate. Wir sind vier Milliarden einzigartige Individuen.

Wenn sich Kommissionen, Komitees, Ausschüsse und ähnliche Körperschaften versammeln, wird jedes Mitglied notwendigerweise zum Schauspieler. Er spielt seine Rolle, trägt etwas vor, was ihn identifiziert und seine Individualität bestätigt. Dazu gehört Zeit und Energie, und während es geschieht, wird kaum etwas anderes geschehen. Man hat schon viele Kommissionen bestellt, die bis ins nächste Jahrzehnt hinein getagt haben, aber es ist nicht viel passiert, ausgenommen die langen, nicht zu unterbrechenden Präsentationen persönlicher Verhaltensmerkmale seitens jedes Mitglieds.

Wenn sich die Personen nicht zwangsmäßig so benehmen würden, so wären Kommissionen eine glänzende Erfin-

dung für kollektives Denken. Aber es ist nun einmal so. Anscheinend sind wir so programmiert, kodiert, daß wir vor allem Individuen sein wollen, und das hat, koste es, was es wolle, den Vorrang vor allem anderen, selbst wenn die Gruppe dadurch funktionsunfähig wird.
Das ist gewiß das Leitmotiv der Demokratie. Es ist erstaunlich, daß das System überhaupt funktioniert, von Gutfunktionieren nicht zu sprechen. Die Individualität ist dem Menschen das Kostbarste, und nur wenn er es bis zum vollen Ausdruck seiner Individualität gebracht hat, wird er für die Gesellschaft wertvoll. Wie viele gute soziale Ideen ist das authentisches Altchinesisch. Integrität ist die allerpersönlichste Eigenschaft. Gruppen und Gesellschaften können sie nicht besitzen, wenn nicht einzelne Sterbliche sie haben. Die Kultur hat es schwer.
Man kann aber die Individualität auch zu weit treiben, wie man in Kommissionen usw. fast unablässig sehen kann. Es gibt alte Worte für die Schaustellung von zuviel Individualität. Wenn sich jemand zu sehr absondert, kommunikationslos wird, nennt man ihn einen Sonderling. Eigentlich bedeutet es »etwas besonderes«, soviel wie »nicht zur Herde gehörig« (*egregius*), und hatte einst einen Beiklang von Auszeichnung und Leistung. In der Sprachentwicklung nehmen manche Worte mit der Zeit eine negative Bedeutung an. Hier heißt sie »asozial«. Überindividuelle Individuen heißen komisch, sonderbar, exzentrisch. Die höchste Stufe sind die Idioten; das hieß einmal nichts anderes als »persönlich« oder »privat«.
Unsere Organisationen werden immer komplizierter, wir drängen uns immer mehr zusammen. Ausschüsse und Kommissionen werden immer wichtiger. Besonders für die Festlegung der Zukunft. Jeder weiß instinktiv, daß

man das keinem Einzelnen anvertrauen kann; das muß gemeinsam geschehen.

Angesichts der Fülle der Aufgaben hat man die alten Kommissionen usw. neuerdings modifiziert, zu dem Zweck, das kollektive Denken zu verbessern. Da gibt es »Denktanks«, eine Kreuzung zwischen Kommission und Fabrik, sozusagen eine Denk-G.m.b.H. Die Regierung setzt Kommissionen und Beiräte ein. Sie beruft die Leute nach Washington; sie sollen sich zusammensetzen und kollektive Gedanken ausdenken. Die Industrie organisiert Tagungen, die Manager drängen sich in überfüllten Sälen, um einander neue Ideen herauszukitzeln. Aber die alte Schwierigkeit ist da: zur Gruppe versammelte Menschen sind immer noch vor allem Individuen, die des Selbstausdrucks bedürfen.

Die neueste Erfindung zur Überwindung dieser Schwierigkeit ist die Delphi-Technik. Sie ist in den sechziger Jahren erfunden worden, von Leuten eines bekannten Planungs- und Beratungsunternehmens, denen die Arbeit der Ausschüsse und Beiräte bei der Zukunftsplanung nicht gefiel. Die Methode ist einfach, fast naiv zu nennen. Man hält keine Sitzungen mehr ab, sondern schickt Fragebögen an die Mitglieder der Gruppe. Jeder schreibt seine Antworten auf und schickt still seinen Bogen zurück. Die Antwort wird als Rundschreiben an alle Mitglieder versandt, mit dem Ersuchen, sich die Sache zu überlegen und neue Fragebögen auszufüllen, nachdem sie die andere Ansichten kennengelernt haben. So geht es weiter. Meist genügen drei Umläufe. Dann hat man soviel Konsensus erreicht, wie möglich ist. Die Schlußantworten sollen meist wesentlich besser sein als beim ersten Umlauf. Manchmal dürfen die Teilnehmer noch neue Fragen einsetzen.

Man schämt sich geradezu darüber, daß Delphi funktioniert, manchmal direkt hervorragend. Man ärgert sich zunächst über diese neue Methode sozialer Manipulation, diesen neuen soziologischen Trick, diese Verhaltenssteuerung.
Man kommt aber nicht um die schon umfangreiche Erfahrung herum, daß die Methode tatsächlich funktioniert, zumindest für die Zukunftsplanung in Industrie und Verwaltung. Man muß also prüfen, welche guten Seiten sie haben mag.
Am Ende ist das eine Methode, das Individuum und seine Individualität zu bewahren, gleichzeitig die Geister aber so miteinander zu verbinden, daß eine Gruppe kollektiv denken kann. Also das beste aus beiden Welten, wenn man so sagen kann.
Delphi läuft auf ein ruhiges, gedankenreiches Gespräch hinaus, das jedem die Möglichkeit gibt, *zuzuhören*. Das Hintergrundgeräusch Konversation ist ebenso ausgeschaltet wie die ständig wiederkehrenden akustischen Eitelkeitsausbrüche, und man hat Zeit zum Denken. Man hört keine Stimmen, daher auch keine erhobenen Stimmen. So betrachtet, ist es eine große Entdeckung. Vor Delphi war Zuhören bei einer Sitzung praktisch unmöglich. Die Funktion jedes Mitglieds war, zu reden. Während andere redeten, dachte jeder schon darüber nach, was er als nächster sagen würde, um zu zeigen, daß er eine eigene Meinung hatte. Kommissionen, Komitees, Ausschüsse u. dgl. denken nicht, sie debattieren. Man denke sich das Imponierstreben weg, den Wunsch, die Diskussion zu bestimmen, das Gesicht zu wahren, Beifall einzuheimsen, die Opposition niederzuschreien, Gegner einzuschüchtern und allen ähnlichen Kram — dann kann sich eine Gruppe

intelligenter Menschen hinsetzen und ruhig denken. Die Idee ist gut und ich bin froh, daß sie funktioniert.
Der gewählte Name Delphi spielt natürlich auf die orakelhafte, prophetische Funktion an, der das Ganze dient. Das alte Delphi war Apollo geweiht. Apollo war der Gott der Prophezeiungen, aber noch mehr. Er verkörperte auch die besten griechischen Werte: Mässigung, Gesundheit, Fürsorge, Einhaltung der Regeln, Beratung. Etymologisch kann Apollo als Kommission begonnen haben. Das Wort Apollo bedeutete nämlich ursprünglich eine politische Versammlung. (Vielleicht hat es mit *appello*, ich rufe, zu tun). Die Wichtigkeit öffentlicher Versammlungen zur Beschlußfassung über das zu Tuende ist sehr früh als fundamental für die Gesellschaft erkannt worden. Man mußte sie in den Mythos einbauen und eine administrative Gottheit schaffen. Das war Apollo, der dorische Gott der Voraussage.
Von der Pythia zu Delphi erwartete man im Grunde keine klaren Antworten über die Zukunft. Vielmehr waren ihre Aussagen oft so unklar wie das chinesische *I Tsching.* Wie dieses waren sie darauf berechnet, Optionen zuzulassen, zwischen denen man wählen konnte. Die Pythia symbolisierte mehr als das Programm der Kommission. Wenn sie, Zweideutigkeiten murmelnd, in Ekstase auf dem Dreifuß zusammenbrach, war sie der Fragebogen von heute. Notwendig war eine genaue Exegese der Antwort des Orakels. Dazu gab es eine Kommission, die *Exegetai*, die Orakelausleger. Es war eine Kommission von Bürgern, teils von den Bürgern Athens gewählt, teils vom Orakel zu Delphi ernannt. Das System scheint lange recht gut funktioniert zu haben. Es gab der griechischen Religion eine gesetzliche Basis.

Das heutige Delphi ist also eine Verfeinerung eines antiken sozialen Instruments. Es modifiziert die Sitzungen, indem es die Leute nötigt, ruhiger zu denken und zuzuhören. Formell erscheint die Methode neu, aber sie ist in Wirklichkeit uralt, so alt wie die menschliche Gesellschaft. In Wirklichkeit sind wir immer auf diesem Wege zu Entscheidungen gelangt, wenn auch in unorganisierter Weise. Wir reichen die Frage herum; wir sehen die verschiedenen Auffassungen; wir lesen die Literatur und denken darüber nach; wir spielen die Musik; wir ändern unsere Meinung; wir kommen zu einem gegenseitigen Verständnis. So entwickelt sich die Gesellschaft, nicht durch Niederschreien des anderen, sondern durch die einzigartige Fähigkeit individueller, einmaliger Menschen, einander zu verstehen.

Der Quirl im Gehirn

Die Sprachwissenschaftler streiten heftig über ihre Theorien. So soll es wahrscheinlich sein. Man muß wohl erwarten, daß Leute, die ihr Leben damit verbringen müssen, die Sprache zu ergründen, also die ganze Menschheit auf einmal zu verstehen, daß solche Gelehrte oft Differenzen haben. Sie werden untereinander reizbar und zornig, was noch öfter vorkommt als bei ihren Kollegen von anderen Fakultäten. Wahrscheinlich ist ihr Fach schwieriger.

Es gibt ein kniffliges technisches Problem für die Sprachwissenschaftler, namentlich die Gelehrten, die die heutige Version der Philosophen darstellen. Sie sind genötigt, als einziges Instrument der Forschung gerade den Apparat zu verwenden, den sie studieren wollen. Das setzt sie den Gefahren aus, an welche die Physiker seit Heisenberg denken. Je näher die Sprachwissenschaftler dem Zentrum ihres Problems kommen, desto mehr müssen sie den Mechanismus, den sie untersuchen, mit Hilfe genau desselben Mechanismus manipulieren. Es ist kein Wunder, daß gerade in dem Augenblick, wo die Lösung erreicht scheint, etwas knackt und die Lösung entschwindet.

Das sieht man in manchen Büchern über die Sprache, besonders wenn sie von Nichtprofis geschrieben sind. Sie sind weniger vorsichtig als die Profis. Man holt sie von außen heran, damit sie dem Publikum die Sache erklären. Diese Autoren kommen immer an einen Punkt, wo ihr Text grotesk unverständlich wird und sich in Unsinn auflöst. Dazu kommt es meist, nachdem die Elemente der Sprachlogik brav dargelegt worden sind, die Grundbegriffe der Transformationsgrammatik erklärt, die Fragen der »Komplexität« der Sprachen erörtert und die mathematischen Methoden der tieferen Satzanalyse beschrieben worden sind. Mit so mächtigen Informationen ausgerüstet, marschiert der Nichtprofi munter weiter und merkt nicht, daß er die Grenze zu einem unbekannten und vielleicht nie erkennbaren Land überschritten hat, in dem er verschwindet.

Ich weiß nicht genau, was in diesem Stadium der Kommunikation geschieht. Ich neige zu der Ansicht, daß etwas bei dem Übermittler der Information nicht klappt, und daß das, was dem Leser vorgesetzt wird, ein bei der Übermittlung entstandener Unsinn ist. Sicher weiß ich das aber nicht. Vielleicht ist es ein klarer, einleuchtender Text und die Schwierigkeit liegt bei mir, in meinem Gehirn. Vielleicht besitze ich keine Rezeptoren für solches Gerede. Oder ändere ich es vielleicht ab, während es zu mir gelangt, und merke bloß nicht, das ich das tue.

Ein ähnliches Unbehagen habe ich auch bei anderen Gelegenheiten empfunden, die nichts mit Sprachwissenschaft zu tun hatten. Ein Patient von mir, ein Mathematiker, erklärte mir einmal das Gödelsche Theorem. Während ich es in mich aufnahm und wegen der Schönheit des Gedankens zustimmend mit dem Kopf nickte, flackerte etwas geräuschlos in mir wie in einer defekten Leuchtstoffröhre und ich empfand nichts als Unsinn. Dasselbe habe ich erlebt, wenn ich elektronische Musik hörte oder gar Kritiken über Dichtungen las. Nicht, daß man plötzlich nichts mehr hört oder sieht, oder das Interesse verliert, oder an etwas anderes denkt. Mein Geist ist so wach wie möglich, schnappt nach jedem Satz, aber dann dreht jemand den Schalter und was man aufnimmt, ist in einen unentschlüsselbaren Code übersetzt.

Damit komme ich zu meiner Theorie des Gehirns, jedenfalls meines eigenen Gehirns. Ich glaube, irgendwo ist da ein Zentrum, vielleicht in der rechten Hemisphäre, das Informationen verrührt wie Rühreier. So wie die elektronischen Vorrichtungen an den Telephonen wichtiger Politiker, die alle vertraulichen Äußerungen sofort zu sinnlosen Geräuschen verrühren.

Vielleicht muß immer etwas geheim bleiben, wenn es um die Sprache geht. Wenn wir ganz genau verstünden, was wir tun, würde ein permanentes Stammeln oder einfach Schweigen aus unserer Sprache. Man könnte nicht den einfachsten Satz herausbringen, vor lauter Aufpassen auf sprachwissenschaftliche Genauigkeit. Man müßte auf alle beteiligten Muskeln aufpassen und auf die Syntax, immer an die semantischen Katastrophen denken, die aus der geringsten Änderung der Wortfolge entstehen könnten, auf Ton und Gesichtsausdruck achten. Fortwährend hätten wir Angst, etwas sinnloses zu sagen. Das wäre noch ärger, als wenn man von uns verlangen würde, unseren Atem ständig bewußt zu kontrollieren, Atemzug für Atemzug.

Ein Rührapparat im Gehirn wäre ein Schutz dagegen. Er würde das heikle Zentrum des Sprechmechanismus vor Einmischung und Hineinpfuschen bewahren und den Geist gegen Informationen abschirmen, die er nicht brauchen kann.

Man möchte vielleicht glauben, daß es, wenn man einen neuronalen Quirlapparat in einem Gehirnteil hätte, in einem anderen Teil einen dazu symmetrischen Entquirler geben müßte, der verrührte Informationen in ihre ursprüngliche Ordnung zurückübersetzen könnte. Zugegeben, daß das Gehirn sich kaum mit völlig sinnlosen Geräuschen anfüllen will. Aber wahrscheinlich werden tiefe, gefährliche Begriffe wie »das wahre Wesen der Sprache« zu unerkennbaren, aber angenehmen Erlebnissen verarbeitet: Konversation, Musik, Schlaf. Manche Leute erwischen einen Gedanken gerade, wenn er in den Quirlapparat eintritt. Sie schreiben dann die beliebten Blödsinnsgedichte, die aus sinnlosen Sätzen bestehen. Aber meist läuft das Ganze automatisch und ungesehen ab. Ich denke, es ist gut so.

Des Pfarrers Meisterwerk

Je optimistischer ich mich über die gesundheitliche Zukunft der Menschheit äußere, desto mehr reagieren intelligente Zuhörer mit einer merkwürdigen Mischung von Ablehnung und Bestürzung. Man würde glauben, daß ich Unglück prophezeie. Teils weil ich daran glaube, teils gestützt auf bruchstückweise, aber unverkennbare Beweise aus der biomedizinischen Wissenschaft der letzten hundert Jahre, sage ich doch nichts anderes, als daß die Menschheit eines Tages die durchaus endliche Zahl ernsterer Krankheiten überwinden wird, die heute ein vorzeitiges Lebensende bewirken oder langes Siechtum bereiten. Kurz gesagt, wir werden eines Tages eine von Krankheiten freie Spezies sein.

Ausgenommen eine tiefere Erkenntnis des menschlichen Bewußtseins, die uns noch lange oder für immer verschlossen bleiben wird, kann ich mir keine Grenze für das Verständnis des Lebendigen vorstellen. Es kann einige Jahrhunderte dauern, aber wir werden ganz sicher zu einer genauen Einsicht in die Mechanismen menschlicher Krankheiten gelangen. Für mich ist es ein Glaubensartikel, daß wir dann in der Lage sein werden, unmittelbar einzugreifen, die Krankheiten zu heilen oder zu verhindern.

Bei den meisten Infektionskrankheiten ist das bereits geschehen. In der Biologie sind wir noch in einem primitiven Frühstadium, verglichen etwa mit der Physik. Aber wir haben genug Grundwissen entwickelt, um spezifische

Sera gegen Mikroben und verläßliche Impfstoffe gegen viele Viren herstellen zu können. Innerhalb von fünfzig Jahren nach der Erkenntnis, daß Bakterien Krankheitserreger sind, haben wir sie zu klassifizieren gelernt und ihren komplizierten Stoffwechsel so weit durchschaut, daß der Boden für die Antibiotika vorbereitet war. Seit den vierziger Jahren hat die Medizin die erste große technische Revolution in ihrer langen Geschichte durchgemacht. Infektionskrankheiten, an denen ganze Familien zugrundezugehen pflegten, sind heute fast vergessen.

Auf dem Gebiet der Infektionskrankheiten ging es schnell. Vielleicht hatten wir hier besonderes Glück. Bei anderen Leiden — Herzkrankheiten, Krebs, Schlaganfall, senile Psychosen, Zuckerkrankheit, Schizophrenie, Emphysem, hoher Blutdruck, Rheuma, tropischer Parasitismus usw. — mag es länger dauern und schwieriger sein, aber vielleicht kommt das auch schneller, als wir denken. In den letzten zwanzig Jahren hat sich das Tempo der Forschung beschleunigt, und die besten jungen Gelehrten haben sich der Biologie zugewandt. Da kann es bald Überraschungen geben. Jedenfalls werden alle diese Krankheiten früher oder später ihr Geheimnis verlieren, erklärbar und beherrschbar werden.

Diese Aussicht erscheint mir ebenso erregend wie ermutigend. Ich sehe nicht gern die stummen Blicke der Mißbilligung, die gewöhnlich auf solche Bemerkungen folgen. Habe ich ein großes Unglück angekündigt?

Der Grund liegt in der automatischen Frage: »Was dann?« Man glaubt allgemein, daß wir unsere Krankheiten brauchen, daß sie ein natürlicher Teil der *conditio humana* sind. Es ist naturwidrig, an ihnen zu basteln und sie wegzumanipulieren. »Was dann?« Woran wollen wir dann

eigentlich sterben? Sollen wir ohne Krankheit ewig leben? Was tun uns die Biologen an? Wie kann man ohne Krankheit sein Leben ehrbar beenden und ehrlich sterben?
Das ist eine schwierige Frage, von der Art, die eigentlich nur ein Dichter beantworten kann. Es gibt in der amerikanischen Literatur ein einschlägiges Gedicht. Es heißt »Des Pfarrers Meisterwerk oder Der wunderbare Einspänner« und ist von Oliver Wendell Holmes (1809—1894). Er war Professor der Anatomie und zugleich ein bekannter Schriftsteller. Formell behandelt diese Episode aus dem 19. Jahrhundert den altersbedingten Zerfall eines von einem Pfarrer gut gebauten Wagens, aber in Wirklichkeit ist es ein Mythos vom Tod des Menschen. Deshalb ist es noch nach hundert Jahren so bekannt.
Es ist ein Mythos für den Menschen von heute. Man hat lange geglaubt, daß der lebende Körper im Grunde eine wacklige, gebrechliche Sache ist, ständig in Gefahr, an dem einen oder anderen Punkt zu versagen, zu kompliziert, um überhaupt zusammenhalten zu können. Heute sieht man eher eine andere Seite des Lebens: die innere Kraft und Zähigkeit. Das lehrt die Zellbiologie, das lehren Form und Funktion der subzellulären Gebilde und ihrer makromolekularen Bausteine, das zeigen die phantastisch klugen Vorrichtungen, mit denen die Sonnenenergie für alle Zellen eingespannt wird. Man ist heute eher unangenehm überrascht darüber, daß hier überhaupt etwas schiefgehen kann, daß eine Störung in einem einzelnen Teil das ganze wunderbare System zum Einsturz bringen kann. Von diesem Standpunkt erscheint die Krankheit als etwas naturwidriges, ein skandalöser Fehler. Es muß möglich sein, es besser zu machen.
So kann die detaillierte Anatomie des Wagens von Hol-

mes als metaphorische Darstellung eines lebenden Organismus gelesen werden, zum Beispiel einer Zelle:

»Beim Wagenbau, das sag' ich euch,
Zeigt sich die Stelle meistens gleich,
Die schwach ist: ob's der Reifen ist,
Ob Nabe, Felge uns verdrießt,
Man Deichsel, Stange schadhaft find't,
Ob's Schraube, Bolzen, Boden sind —
Es lauert überall und macht,
Daß eines Tags der Wagen kracht.«

Das war die Meinung des 19. Jahrhunderts über die Krankheit, und man findet sie heute noch. Es wird angenommen, daß es immer irgendwo eine schwache Stelle gibt, sozusagen vorbestimmt. Ohne lokale, wenn auch grundlegende Fehler im System könnte der Organismus einfach wegaltern. Aber er ist dazu verurteilt, vorzeitig zusammenzubrechen, wenn man die Fehlstelle nicht finden und reparieren kann. Der Arzt Holmes sah bei dem damaligen Stand der Wissenschaft keine Wahrscheinlichkeit für das letztere, aber er konnte sich eine perfekte Konstruktion vorstellen. Der Pfarrer ist bei ihm der zentrale, olympische Schöpfer, er steht für die Natur, ist eines Fehlers nicht fähig. Er entwirft den perfekten Organismus:

». . . baut so, daß nichts zusammenkracht,
Der schwachen Stelle habet acht
Und macht sie stark und dauerhaft
Wie alle anderen voller Kraft!«

Nun kommen die einzelnen Schöpfungsakte in klassischem Ton:

»Nehmet Holz vom Eichenstamme,
Das nicht biegt sich und nicht bricht,
Für die Deichsel dann, die lange,
Unter Eschenholz tut's nicht.
Beste Bäume, gradgewachsen,
Nehmt für Stangen und für Achsen.
Weiß das Holz der Wand erstrahl',
Weich wie Butter, zäh wie Stahl.
Diesen nehmt für Schraube, Feder,
Blau und glänzend, wie ein jeder
Ihn für Achse, Rad und Splint
Und fürs Trittbrett richtig find't.
Gutes altes Büffelleder gebt ihm als des Daches Hut.
So vollendet' es der Pfarrer, und so war es schön und gut.«

Es war gut. Die Chaise lebte volle hundert Jahre krankheitslos. Jeder Teil fand die beste Stütze an den anderen. Der Wagen entsprang des Pfarrers Händen im Jahre 1755, dem Jahr des großen Erdbebens von Lissabon, und starb auf die Stunde genau am hundertsten Jahrestag des Bebens im Jahre 1855.
Das Erstaunlichste war der Tod des Wagens. Alles funktionierte prächtig bis zur letzten Minute. Es gab natürlich ein gewisses Altern, wie Holmes in seinem Mythos zugibt, aber es war ein respektables, anständiges Altern:

»War auch ein Altershauch um ihn,
Lokal war doch nichts merkbar hin.
Durch Pfarrers Wissen und Geschick
War an dem Wagen jedes Stück
Perfekt — so konnte keins allein
Das einzige defekte sein.«

Jetzt kommt die Todesstunde:

»Die Räder waren so stark wie die Wand,
Der Boden so stark wie Deichsel und Rand,
Der Rahmen so stark wie die quere Stang',
Ob vorn oder hinten, so fest und lang.
Und doch, kein Zweifel kommt mir in den Sinn,
In einer Stunde ist er hin.«

Ja, so geht's.

»Der erste November '55 tagt,
Ein junger Pfarrer spannt an und sagt:
Macht Platz, ihr Buben, geht mir aus der Bahn,
Denn hier kommt der Wunder-Einspänner an,
Gezogen vom Fuchs mit dem dünnen Schwanz.
Schwirrt ab! — Verschwunden sind sie ganz.«

Nun die Sterbeszene. Keine Tränen, kein Wehklagen, kein Lauschen auf die letzten Worte. Keine Trauer. Nur die Vollendung nach dem Lauf der Welt. Hört:

»Urplötzlich still das Rösslein stand
Vorm Rathausturm am Straßenrand.
Ein Zittern, Kreischen und ein Knall,
Und irgendwas tat einen Fall.
Der Pfarrer auf der Erde saß,
Halb zehn die Uhr soeben maß.«

Schließlich die Überreste:

»Was, denkt ihr wohl, der Pfarrer fand,
Als er nun wieder auferstand?
Er sah die Reste an beklommen:

Wie aus der Mühle Körner kommen,
So feingeschrotet bot sich dar,
Was einst die schöne Chaise war.
Mit einem Schlag sie ganz zerkrachte,
Kein Teil dabei den Anfang machte:
Wie Seifenblasen, wenn sie platzen . . .«

Am besten gefällt mir die Anspielung auf die Mühle. Sie hat einen tieferen Sinn. Sie deutet an, daß das Altern ein organisierter Prozeß ist, der auf natürliche Weise beendigt wird.

Das ist in metaphorischer Darstellung genau das, was geschieht, wenn ein gesundes altes Wesen, ein alter Mann oder ein alter Maikäfer, stirbt. Es gibt weder eine feindliche Kraft draußen noch einen zentralen Fehler drinnen. Das Sterben ist in das System so eingebaut, daß es jeden Augenblick am Ende einer genetisch festgelegten Lebensspanne eintreten kann, wenn der auf der Lebensuhr eingestellte Zeigerstand erreicht ist. Die Koordination hört auf, die Kräfte, die bisher die Zellen zusammengehalten haben, lassen nach, die Zellen erkennen einander nicht mehr, die chemischen Signale zwischen ihnen hören auf. Blutgerinnsel verstopfen die Gefäße und sprengen ihre Wände, Bakterien erhalten freien Zutritt zu bisher verbotenen Geweben, Organellen in den Zellen zerfallen. Nichts hält mehr zusammen. Milliarden Blasen platzen alle auf einmal.

Ja, so geht's.

Übertragung des Gedichts
von O. W. Holmes: Lieselotte Büchner

Kurze historische Notiz über Medizin und Geldverdienen

Ich hatte schon vergessen, wie es in der guten alten Zeit der Medizin war, und wie anders es war. Ich wußte natürlich, daß sich Wissenschaft und Technik sehr verändert haben, und daß der Arzt heute Heilungen erzielen kann, die man sich in meiner Jugend nicht vorstellen konnte. Aber es gibt noch einen Unterschied, und den hatte ich vergessen.

Ich erinnerte mich unlängst daran, als ich das Absolventen-Jahrbuch meines Jahrgangs an der medizinischen Fakultät der Harvard-Universität aus dem Jahr 1937 durchblätterte. Der Herausgeber war Albert Coons. Das Jahrbuch enthält die üblichen Photographien der Fakultätsprominenz und der Verwaltungshäupter, außerdem kleinere Bilder jedes Absolventen mit kurzer biographischer Notiz, auch mit einer Zeile über seine beruflichen Pläne.

Coons ist der Mann der Coons-Technik in der Immunologie. Er hat sein Leben in der immunologischen Forschung verbracht. Seine weltbekannte Methode besteht in der Anfärbung von Antikörpern mit fluoreszierenden Farbstoffen. Aber in der Notiz unter seinem Photo gab er an, daß er als Internist in die Praxis gehen wolle. Übrigens beabsichtigten zu jener Zeit alle meine Studienkollegen, die später Forscher und Lehrer wurden, praktische Ärzte zu werden.

Doch ich schweife ab. Eigentlich will ich etwas anderes erzählen. Herausgeber Coons wollte etwas mehr für das Jahrbuch tun. Er setzte einen langen Fragebogen auf und schickte ihn an alle früheren Studenten, die 10, 20 und 30 Jahre früher graduiert hatten. Darüber gab es eine Diskussion. Die früheren Absolventen kamen uns alle wie Gestalten aus einer fernen Vergangenheit vor. Galt das schon für die Jahrgänge 1927 und 1917, so schienen uns die Absolventen von 1907 so althistorisch wie Galen.

Zur allgemeinen Überraschung füllten 60 % der 265 früheren Studenten den Fragebogen aus. Nicht schlecht für Amateur-Sozialwissenschaftler jener Zeit.

Am interessantesten waren die Angaben über das Nettoeinkommen der Exstudenten, die in dem Jahrbuch wiedergegeben wurden. Nach damaligen Maßstäben lag es beträchtlich über den Ziffern, die der amerikanische Ärzteverband für den Ärztedurchschnitt anzugeben pflegte. Wir wußten, daß Krankenhausärzte freie Station bekamen, aber kein nennenswertes Gehalt. Wir hörten gern, daß Harvard-Absolventen sich finanziell besser standen, wenn sie in die eigene Praxis gingen. Wir sagten natürlich, daß es nicht auf das Geld ankäme, aber wir folgerten, daß sie wohl bessere Ärzte sein mußten, wenn sie soviel Geld verdienten.

Jetzt kommen die Unterschiede und mit ihnen die Überraschungen. Das mittlere Einkommen der 165 Harvard-Absolventen lag, zehn bis dreißig Jahre nach Verlassen der Universität, zwischen 5000 und 10.000 Dollar im Jahr. Von denen, die vor zehn Jahren absolviert hatten, verdienten 43 % weniger als 5000 Dollar. Nur fünf verdienten mehr als 20.000 Dollar. Ein Chirurg, der vor zwanzig Jahren absolviert hatte, verdiente als einziger 50.000 Dollar. Sieben Absolventen von 1927 verdienten weniger als 2500 Dollar.

Die Befragten wurden ersucht, auch die Rubrik »Anmerkungen« auszufüllen, namentlich etwas über ihre Lebenserfahrungen im allgemeinen zu sagen. Es zeigte sich, daß es auch in den Anmerkungen meist um Geld ging. Ein typischer Kommentar lautete:

»Ich bin mit der Medizin als Lebensarbeit zufrieden. Aber ich kann sie nur jemandem empfehlen, der viel Geld hinter sich hat. Viele Leute bringen es in der Medizin nie zu Geld.«

So war es in Amerika vor einundvierzig Jahren.

Warum Montaigne nicht langweilig ist

Wenn man am Wochenende nichts Neues zu lesen im Haus hat, und es regnet, und man hat nichts zu denken und nichts zu schreiben, und der Nachmittag zieht sich öde und leer dahin — dann gibt es nichts Besseres als Montaigne.

Er kratzte sich gern hinter dem Ohr: »Das Kratzen ist einer der schönsten Naturgenüsse.«

Er schrieb skeptisch über die Wundergeschichten, die zu seiner Zeit ständig berichtet wurden. Er bemerkte: »Ich habe kein größeres Wunder in der Welt gesehen als mich, ein offenkundiges Monstrum ... Je mehr ich mich besuche und erkenne, desto mehr erstaunt mich meine Absonderlichkeit und desto weniger verstehe ich mich.«

Es gehört zu den erfreulicheren Kulturtatsachen, daß Montaigne immer wieder gedruckt wird. Schon in den ersten Jahrzehnten nach seinem Tod hatten seine Essays vier Auflagen und wurden ins Englische und Spanische übersetzt, obwohl Montaigne wegen seiner politischen Haltung unbeliebt gewesen war; er hatte zwischen den zwei Extremen, die damals um die Macht kämpften, eine vorsichtige Mittelstellung bezogen. Seine Schriften sind inzwischen in alle Sprachen der Welt übersetzt worden. Gelehrte aller Länder haben mit seinen drei Büchern Karriere gemacht.

Früher arbeitete ich mich durch die alte Übersetzung von Florio durch. Die altertümliche Sprache machte mir

Schwierigkeiten, aber es war der Mühe wert. Dann kam die Ausgabe von Donald Frame in amerikanischem Englisch — ich stürzte mich darauf. Es wurde mir zur Gewohnheit, ein Eselsohr in jede Seite zu machen, auf der eine so gute Bemerkung stand, daß ich wußte, ich würde sie wieder suchen. Ich habe ein schlechtes Gedächtnis und muß es so machen. Heute ist nach acht Jahren mehr als die Hälfte der Seiten mit Eselsohren markiert. Das Buch sieht doppelt so dick aus. Ich frage mich, was wohl auf all den nicht eingefalteten Seiten stehen mag, Gelesenes und Vergessenes, das noch der Entdeckung harrt.

Von der ersten Seite an ist Montaigne entschlossen, dem Leser absolut alles über sich zu sagen. So ausführlich wie möglich erzählt er durch die 876 Seiten der Übersetzung von Frame von sich und immer wieder von sich.

Das sollte sozusagen definitionsgemäß eine höchst langweilige Sache sein. Wie kommt es, daß Montaigne auf all diesen Seiten nicht im geringsten langweilig ist? Nicht einmal in der endlosen »Apologie für Raymond Sebond«, über die ich jahrelang als anscheinend uninteressant hinwegging. Ich wußte, daß er auf Wunsch seines Vaters einen theologischen Traktat von Sebond übersetzt hatte. Der Essay gab seine Gedanken nach dieser langweiligen Arbeit wieder. Ich ließ ihn bei mehrfacher Lektüre aus oder überflog ihn nur, ohne etwas zu behalten oder ein Eselsohr zu machen. Aber eines Tages vertiefte ich mich in diesen Aufsatz und kam nie mehr von ihm los. Es geht am allerwenigsten um Raymond Sebond. Montaigne macht in den ersten Absätzen die pflichtgemäße Verbeugung vor seinem Vater und Sebond, dann folgt eine ebenso pflichtgemäße Bemerkung über den Nutzen der Vernunft bei der Auffindung der Wahrheit. Hierauf läßt

Montaigne seinen Gedanken freien Lauf und schreibt munter darauf los, ohne sich viel an sein Thema zu halten. Er schreibt, was ihm einfällt.

Hauptsächlich will er sagen, daß die Vernunft keine spezielle, einmalige Gabe des Menschen ist, die uns von der übrigen Natur trennt. Die Bienen organisieren die Gesellschaft besser. Elefanten kümmern sich mehr um das Wohlergehen anderer Elefanten und sind recht klug; wenn ein Elefant in eine vom Menschen gegrabene Fallgrube fällt, füllen sie die Grube mit Holz und Erde, damit der Elefant wieder herauskommt. Montaigne zweifelt sogar daran, daß die Sprache mehr leistet als der Austausch von Gesten und Gerüchen zwischen Tieren. Er stellt eine lange Liste von Anekdoten meist klassischer Herkunft zusammen, über Elstern, Schakale, Füchse, Singvögel, Pferde, Hunde, Ochsen, Schildkröten, Fische, Löwen und was sonst noch, um zu zeigen, wie vernünftig und im Grunde liebenswert sie alle sind. Er demonstriert mit Genugtuung, »wie überlegen uns die Tiere sind und wie wenig wir fähig sind, sie nachzuahmen«. Es ist wirklich ein Spaß.

Schon nach den ersten Seiten freundet man sich mit Montaigne an. Allmählich wird er der beste Freund des Lesers. Freilich redet er weiter nur von sich und immer wieder von sich, aber der Leser findet sich in ihm wieder. Montaigne hat sich gern und erfreut sich an seinem Geist, aber er verzichtet auf eitle Gesten.

Natürlich ist er Moralist und wie alle großen Moralisten auch ein Humorist. Liest man Montaigne aufmerksam, muß man ständig schmunzeln.

Es ist ein leichtes Gespräch mit einem alten Freund. Lange Schweigepausen sind gestattet, ja erwünscht. Auf jeder Seite unterbrechen Zitate aus klassischen Autoren den

Text, wie das um jene Zeit üblich war. Sie dienen aber nur als Rastplätze, man braucht sich nicht auf sie zu konzentrieren.

Man kann die Aufsätze durchblättern, bis etwas Interessantes kommt. »Nebenbei . . .«, sagt er, und man wird gespannt. Jetzt sagt er einem, was es heißt, ein Mensch zu sein.

Die Selbsteinschätzung ist Montaignes Lebensthema. Nicht Egozentrismus oder Besessenheit von sich selbst, kaum jemals Eigenlob. Er billigt sich nicht. Aber der Versuch, mit dem inneren Menschen fertigzuwerden, bietet ihm eine gewiße Befriedigung. Für Montaigne heißt das nächstliegende und interessanteste Objekt in der Natur Montaigne. Es ist ihm nicht das Liebste, aber das Nächste. Man kann am ehesten dran.

Seine eigene Inkonsequenz faszinierte ihn. Unbeständigkeit ist nach ihm ein biologisches Merkmal des Menschen. »Wir sind alle Flickwerk«, sagt er, »so formlos, so zusammengewürfelt, daß jeder Teil und jeder Augenblick sein eigenes Spiel spielt.«

Es gab damals keine Psychotherapeuten, aber wenn es sie gegeben hätte, so hätte Montaigne ihnen zur Vorsicht geraten: »Es scheint mir oft, daß sogar gute Autoren einen Fehler begehen, wenn sie unbedingt ein konsistentes, einheitlich konstruiertes Wesen aus uns machen wollen. Sie suchen sich ein Merkmal als Prinzip aus, dann ordnen und deuten sie alle menschlichen Handlungen so, daß sie in dieses Bild passen. Wenn sie sie nicht genug verdrehen können, erklären sie sie einfach für unecht . . . Nichts fällt mir schwerer, als an den in sich konsistenten Menschen zu glauben, und nichts leichter, als an seine Inkonsistenz zu glauben.« Aus uns werden zu verschiedenen Zeiten viele verschiedene Menschen. Montaigne erklärt: »Wir unterscheiden uns von uns selbst ebenso wie von anderen.« Die Sache ist für eine Analyse zu kompliziert. Er räumt ein, daß man versuchen kann, »in das Innere hinabzusteigen, um zu sehen, welche Federn den Menschen in Bewegung setzen«, aber er warnt: »Da das aber ein schwieriges und unsicheres Unternehmen ist, würde ich wünschen, daß sich weniger Leute damit beschäftigen.«

Man merke: das wurde vor vierhundert Jahren gesagt.

Er kann sich selbst nicht erklären: »Alle Widersprüche sind in mir zu finden ... schüchtern und frech, keusch und lüstern, gesprächig und schweigsam, hart und zart, klug und dumm, mürrisch und liebenswürdig, ein Lügner und wahrheitsliebend, gelehrt und unwissend, freigebig, geizig und verschwenderisch; das alles sehe ich in diesem oder jenem Grade in mir, je nachdem, wo ich hinschaue ... Ich kann nichts über mich gültig, einfach und fest aussagen, nichts in einem Wort. Alles ist konfus und gemischt.«

Nachdem er das alles entdeckt und betrachtet hat, läßt er sich nicht weiter davon stören. Er akzeptiert seine Beschränkungen und Schwächen, wie die der ganzen Menschheit, mit Gleichmut und sogar mit Freude. »Es ist ebenso schön wie legitim, die Rolle zu spielen, die man hat. Nichts ist schwieriger, als zu lernen, wie man dieses Leben gut und natürlich lebt. Die ärgste Krankheit ist die Verachtung unseres Daseins ... das ist barbarisch. Was mich betrifft, liebe und pflege ich das Leben.«

So geht es Seite um Seite weiter. Er sprudelt seine Gedanken hervor, ohne sich viel um innere Konsistenz zu kümmern. »Das beste in der Welt«, schreibt er, »besteht darin, daß man versteht, man selbst zu sein.« Er ist im Grunde immer er selbst und entgegen allen seinen eigenen Voraussagen aus einem Guß, felsenfest und intakt. Er ist, wie er immer wieder sagt, ein ganz gewöhnlicher Mensch. Auf jeder Seite überzeugt er uns von seiner Gewöhnlichkeit. Man muß es ihm glauben; er ist vor allem ehrlich und aufrichtig. Und das ist das Wunderbare an diesem Buch: wenn Montaigne ein gewöhnlicher Mensch ist, dann ist ein gewöhnlicher Mensch doch erfreulich gut gemacht. Man kann nicht umhin, wieder zu hoffen.

Über das Denken über das Denken

In jedem wachen Moment ist der Kopf des Menschen mit Gedankenmolekülen gefüllt, die man Begriffe nennt. Der Geist besteht aus dichten Wolken dieser Strukturen, die aufs Geradewohl von Ort zu Ort fließen, zusammenstoßen, abprallen und wieder zusammenstoßen. Sie hinterlassen zufällige Zickzackbahnen nach Art der Brownschen Bewegung[1]. Sie sind kleine runde Gebilde mit kleinen Auswüchsen, die zu anderen Gedankenteilchen mit ähnlichen Rezeptoren passen und dort einrasten. Die Wahrscheinlichkeit, daß ein Begriff auf einen zu ihm passenden anderen trifft, bei dem er Anker werfen kann, ist zunächst verschwindend gering, und normalerweise geschieht nichts.

Aber wenn der Geist etwas erwärmt wird, beschleunigt sich die Bewegung und es gibt mehr Begegnungen. Die Wahrscheinlichkeit steigt.

Die Rezeptoren sind verzweigt und komplex. Ihre Konfiguration ist sehr variabel. Damit ein Begriff zum anderen paßt, ist es nicht notwendig, daß die innere Struktur beider identisch ist. Nur das äußere Signal zählt beim Anliegen. Wenn sich jedoch zwei Begriffe verknüpft

1 Bringt man Staubteilchen auf eine Wasserfläche und beobachtet sie unter dem Mikroskop, so sieht man, daß sie unregelmäßige Zickzackbewegungen ausführen. Das ist die Brownsche Bewegung. Sie rührt von den unablässigen Stößen der stets in Bewegung befindlichen Wassermoleküle her. (A.d.Ü.)

haben, wird aus ihnen ein kleines Gedächtnis. Ihre Bewegung ändert sich. Jetzt treiben sie nicht mehr aufs Geradewohl durch die Gänge des Geistes, sondern bewegen sich in geraden Linien. Sie drehen und wenden sich auf der Suche nach weiteren Partnern. Das Ankerwerfen geht weiter, Paare koppeln sich an Paare, es bilden sich Aggregate. Diese verhalten sich wie lebende, zielstrebige Organismen. Sie machen Jagd auf neue Dinge, zu denen sie passen könnten, schnüffeln nach geeigneten Rezeptoren, schnappen nach allem, drehen jedes Stück hin und her. Sie werden größer und probieren alles, was wenigstens entfernt paßt, kleben es an sich, hängen es an ihrer Oberfläche auf, wo immer es Platz gibt. Sie werden wie Seetiere, die überall mit anderen Wesen dekoriert sind, die mit ihnen in Symbiose leben.

In diesem Stadium der Entwicklung nimmt jede dieser Massen verknüpfter Begriffe, gleichzeitig Erinnerung und Suche, eine feste Umlaufbahn an. Sie schwingt in langen elliptischen Schleifen um den Mittelpunkt des Geistes und dreht sich dabei langsam um ihre Achse. Jetzt ist sie ein Gedanke geworden.

Manchmal ist eine Teilchenmasse so fest verpackt, daß sie durch eine Art Gravitation alles andere im Geiste anzieht. Das Zentrum funktioniert nicht mehr, alles wird schief, andere Aggregate kommen vom Kurs ab und bewegen sich in neuen Umlaufbahnen um die neue dichte Masse, die unaufhaltsam alles an sich zieht. Es entsteht ein schwarzes Loch, der Geist scheint zu entschwinden: der Schlaf tritt ein.

Das ist aber nicht der normale Gang der Dinge. Unter geeigneten Umständen sind alle die kreisenden Gebilde im Gleichgewicht, es herrscht Harmonie. Neue Begriffe, die sich unter äußeren Impulsen bilden, treiben durch die Atmosphäre. Sie verbinden sich, paaren sich, verdoppeln sich immer wieder. Geht alles gut, werden sie an die Oberfläche des einen oder anderen kreisenden Aggregats gespült. Wenn die Anziehungskraft für eine Landung zu klein ist, begnügen sich die neuen Begriffe damit, in kleinen Bahnen die aggregierten Ideen zu umkreisen. Das ist noch kein Denken, aber es ist die letzte Phase der Vorbereitung eines Gedankens.

Der Prozeß des Sortierens und Auswählens ist wie ein komplizierter, aber genau geordneter Tanz. Viele Aggregate fliegen gleichzeitig dahin, ihre Bahnen liegen jetzt in schimmernden Membranen nahe beieinander. Neue Begriffe werden von einer elliptischen Bahn in die andere geworfen, treffen auf unpassende Oberflächen und prallen ab, um von entfernteren Massen eingefangen und festgehalten zu werden.

Nun nimmt die Bewegung aller Gebilde, groß und klein, ein bestimmtes Muster an. Die Aggregate senden Strömchen aus, Gedankenstrahlen, die irgendwo hängen bleiben. Manchmal, wenn auch nicht oft, organisieren sich alle Teilchen zu Aggregaten und alle Aggregate verknüpfen sich. Der Geist wird ein einheitliches Gebilde, beweglich und der zielstrebigen, gerichteten Bewegung fähig. Jetzt beginnt die Jagd von neuem, es wird etwas ähnliches mit passenden Rezeptoren *außen* gesucht.

Der Kontrapunkt ist nur eine Seite des Prozesses von Kombination, Trennung, Rückruf und Rekombination. Auch der Tanz ist nur eine Seite der Bewegung. Die Paare springen vor, um neue Paare von Begriffen zu treffen; es bilden sich neue Aggregate; die Aggregate kreisen, manchmal springen massive Aggregate aus ihrer Bahn in einen anderen Raum; einzelne Gedankenteilchen wechseln unablässig die Bahn wie Elektronen, je nach den Ladungen und den Nachbarmassen; alles sieht zufällig aus, gehorcht aber Gesetzen. Das alles sieht wie Musik aus. Sonst gibt es keinen Vergleich aus der menschlichen Sphäre.

Ich denke, man sollte die Sache umdrehen. Statt daß wir unsere Vermutungen über das Wesen des Denkens benutzen, um das Wesen der Musik zu erklären, sollten wir mit der Musik anfangen und sehen, was sie uns über das Wesen des Denkens sagen kann. Die Musik ist der Weg, auf dem wir uns über die Funktion unseres Gehirns klar werden können. Wir hören gebannt Bach, weil wir einen menschlichen Geist hören. *Die Kunst der Fuge* ist keine besondere Denkmethode, kein Denken über eine bestimmte Sache. Das Buchstabieren des Namens Bach in den großen, unvollendeten Fugenschichten am Ende ist nur ein flüchtiges Spiel, ein Geistesblitz. Das ganze Stück handelt nicht vom Denken an etwas, sondern vom Denken schlechthin. Will man, als Experiment, den ganzen Geist bei der Arbeit hören, lege man die Matthäuspassion auf und drehe die Lautstärke immer weiter auf. Dann hat man den Klang des ganzen menschlichen Zentralnervensystems, alles auf einmal.

Über Embryologie

Mitte 1978 war die neueste medizinische Sensation die Geburt eines englischen Babys neun Monate nach Befruchtung in einer Schale. Sie machte Schlagzeilen. Die eigentliche Überraschung liegt aber in einer Tatsache, die wir schon länger kennen und die uns immer noch faszinieren müßte: die Tatsache, daß ein Spermium und ein Ei sich unter beliebigen Umständen vereinigen und ein Mensch werden können. Der entstehende kleine Zellhaufen wird in die Gebärmutterwand eingepflanzt und differenziert sich zu acht Pfund Baby. Das geht vor unseren Augen schon so lange vor, daß wir uns daran gewöhnt haben. Aber hier liegt doch das Wunder, nicht in der geringen technischen Modifizierung des Verfahrens, die nur darin besteht, den Beginn des Prozesses von der Falloppischen Röhre (Eileiter) in einen Kunststoffbehälter zu verlegen und — was erwähnenswert ist — den Vater von jeder Rolle auszuschließen, die seiner Eitelkeit dienen könnte. Natürlich redet man jetzt davon, die Methode über die Konzeption hinaus zu erweitern. Man prophezeit, daß die ganze embryonale Entwicklung, neun Monate lang, in einer Kunststoff-Flasche stattfinden wird. Wenn es dazu kommt, was eines Tages geschehen kann, wird es eine weitere Sensation und neue Schlagzeilen geben. Jeder wird sagen, wie schrecklich doch die Macht der Wissenschaft ist, und parlamentarische Ausschüsse werden darüber debattieren, ob man die Wissenschaft nicht verbieten soll.

Das wird neue Schlagzeilen geben. Aber das Unglaubliche an dem ganzen Vorgang, ob er sich nun in der Gebärmutter oder in einem Schälchen abspielt, wird man wahrscheinlich ebenso übersehen wie heute.
Denn das eigentliche Wunder, wenn man ein solches sehen will, liegt in dem Prozeß selbst. Man fängt bei einer einzigen Zelle an, die aus der Verbindung eines Spermiums und eines Ovums entstanden ist. Sie teilt sich in zwei, dann vier, dann acht Zellen und so fort. In einem bestimmten Stadium taucht eine einzige Zelle auf, deren Nachkommenschaft das menschliche Hirn sein wird. Daß es eine solche Zelle gibt, ist ein Weltwunder. Die Leute sollten den ganzen Tag herumgehen und sich darüber wundern, Ausrufe der Bewunderung tauschen und von nichts anderem sprechen als dieser Zelle. Es ist doch etwas ganz unglaubliches, und doch existiert es. Es setzt sich genau an seinen Platz inmitten des Zellgewirrs aller Milliarden menschlicher Embryonen in der ganzen Welt. Ganz als ob das die einfachste Sache der Welt wäre.
Wenn man eine Überraschung sucht, hier ist eine Quelle. Eine einzige Zelle wird eingeschaltet und wird zu dem aus Trillionen Zellen bestehenden, massiven Apparat fürs Denken und übrigens auch fürs Überraschtsein. Alle Information, die man braucht, um zu lernen, wie man schreibt und liest, Klavier spielt oder vor parlamentarischen Ausschüssen aussagt, eine verkehrsreiche Straße überquert oder so wunderbare Handlungen vollzieht, wie die Hand auszustrecken oder sich an einen Baum zu lehnen, all das steckt in jener ersten Zelle. Die ganze Grammatik, die ganze Syntax, die ganze Arithmetik, die ganze Musik.
Wir wissen nicht, wie sich das Anschalten der Zelle

abspielt. Am Urbeginn des Embryos, zunächst nur ein Zellhaufen, ist alle diese Information und noch viel mehr latent in jeder Zelle vorhanden. Wenn die Stammzelle des Gehirns auftritt, dann ist es vielleicht so, daß die spezielle Qualität der Hirnheit eingeschaltet wird. Es könnte aber ebenso gut sein, daß alles andere, jede andere potentielle Eigenschaft abgeschaltet wird. Dann hat diese höchstspezialisierte aller Zellen nicht mehr die Option ihrer Vorgängerinnen, eine Schilddrüse oder eine Leber oder sonst etwas zu werden. Sie kann nur noch ein Gehirn werden. Niemand hat die blasseste Ahnung, wie das funktioniert. Nichts in der Welt kann rätselhafter sein. Wenn es jemandem zu meinen Lebzeiten gelingt, die Sache zu erklären, so will ich ein Himmelschreiber-Flugzeug chartern, ja eine ganze Flotte davon, und den ganzen Himmel mit Ausrufungszeichen bedecken, eines neben dem anderen, bis mir das Geld ausgeht.

Medizinische Lehren der Geschichte

Gewöhnlich datiert man den Beginn der modernen Medizin auf die dreißiger Jahre, in denen Sulfonamide und Penicillin im Arzneibuch erschienen, und hält das für eine Revolution. So sah es damals in der Tat aus. Die Medizin wurde revolutioniert. Für Massen von Patienten, deren Krankheiten bisher jeder Behandlung trotzten, gab es nun eine Therapie. Es war für die Zeitgenossen eine neue Welt. Die Ärzte konnten jetzt Krankheiten wirklich heilen. Es war erstaunlich, am meisten für die Ärzte selbst.

Es war gewiß ein großes medizinisches Ereignis und ein Triumph der angewandten Biologie, aber im Rückblick sieht es gar nicht wie eine Revolution aus. Die wirkliche medizinische Revolution hatte hundert Jahre vor dem Penicillin stattgefunden. Sie schuf die Grundlagen für die Antibiotika und die anderen wirksamen Heilmittel. Sie begann nicht mit der Einführung der Naturwissenschaft in die Heilkunde. Das kam erst später. Wie viele andere Revolutionen begann auch diese mit dem Abbau von Dogmen. Irgendwann um 1830 entdeckte man, daß der größte Teil der damaligen Medizin reiner Unsinn war.

Die Geschichte der Medizin gehört nicht zu den erfreulichsten Teilen des Medizinstudiums, hauptsächlich, weil sie eben so trist ist. Durch Jahrhunderte und Jahrtausende behalf sich die Heilkunde mit Mutmaßungen und einem groben Empirismus. Man kann sich kaum etwas Unwissenschaftlicheres vorstellen. Ungefähr alles, was den damaligen Ärzten einfiel, wurde ausprobiert und angewandt. Nach heutigen Begriffen war es ein leichtfertiges, verantwortungsloses Herumexperimentieren, das nur auf dem Prinzip von Versuch und Irrtum beruhte, wobei der Ton auf letzterem lag. Da gab es den Aderlaß, die Abführmittel, das Schröpfen, die Verabreichung von Auszügen aus sämtlichen Pflanzen, die es gab, die verschiedensten Diäten einschließlich des Fastens, alles auf die verrücktesten, jeder Grundlage entbehrenden Phantasien über die Ursachen der Krankheiten gegründet. Daraus bestand die Medizin bis tief ins 19. Jahrhundert hinein. Man muß sich darüber wundern, daß der Ärztestand das alles überlebte und mit so wenig Kritik davonkam. Alle Menschen ließen sich betrügen. Man mußte schon ein geborener Skeptiker sein wie Montaigne, um den alten Unsinn zu durchschauen. Aber auch Montaignes beißende Schriften über die von dem damaligen Herumdoktern verursachten Krankheiten blieben wirkungslos. Die Menschen glaubten an die Magie der Medizin und fanden sich mit ihr ab, wie sie war.

Irgendwann im ersten Teil des 19. Jahrhunderts begriffen einige maßgebende Ärzte, daß die komplizierten traditionellen Behandlungen im Grunde wertlos waren. Einige hatten sogar den Mut, offen zu erklären, daß sie mehr schadeten als nützten. Zugleich entdeckte man mit Überraschung, daß manche Krankheiten von Natur begrenzt waren, von selbst besser wurden, also eine Art Naturgeschichte hatten. Heute kann man sich die Bedeutung dieser Entdeckung und ihre Auswirkungen auf die Medizin kaum mehr vorstellen. Seit Urzeiten war es der Brauch der Medizin gewesen, alles mit irgendetwas zu behandeln. Das galt als selbstverständlich; ohne Behandlung mußte die

Krankheit schlimm enden. Im Jahre 1876 aber faßte Professor Edward H. Clarke von der Harvard-Universität die Erfahrungen aus fünfzig Jahren zusammen, wonach Typhuskranke ohne ärztliche Behandlung von selbst gesund werden konnten. Sie erholten sich oft schneller als bei Verabreichung der sonderbaren Kräuter, Metalle und Tränklein der damaligen Zeit. Clarke nannte das den größten medizinischen Fortschritt seines Zeitalters. Auch das Delirium tremens, das ohne intensive ärztliche Behandlung als tödlich galt, ging bei unbehandelten Kranken eher zurück. Die Zahl der Überlebenden stieg erheblich. In den folgenden Jahrzehnten gab man das überlieferte therapeutische Ritual allmählich auf. Es begann die wissenschaftliche Medizin. Aus der Beobachtung der Kranken gewann man die Naturgeschichte der Krankheit. Man lernte Bauch- und Flecktyphus zu unterscheiden, zwei nicht verwandte, von verschiedenen Erregern verursachte Krankheiten, die man zuvor in einen Topf geworfen hatte. Die genaue Diagnose rückte in den Vordergrund der Medizin. Damit wurde auch eine verläßliche Prognose möglich. Man konnte dem Kranken und seiner Familie nicht nur die Krankheit sagen, sondern auch ihren wahrscheinlichen Verlauf. Das gehörte um die Jahrhundertwende schon zu den Pflichten des Arztes. Unterstützende Maßnahmen gingen vom gesunden Menschenverstand aus: Bettruhe, vernünftige Pflege, vernünftige Diät, Vermeidung von alten Hausmitteln und sogenannten Patentmedizinen, schließlich Vertrauen auf die Heilkraft der Natur.

Der Arzt wurde nun erheblich nützlicher und sein Ansehen stieg entsprechend. Obwohl er immer noch nicht viel tun konnte, war er doch immer da, milderte Besorgnisse und erklärte, worum es ging. Der Arzt wurde der Ratgeber der Familie.

In den letzten Jahrzehnten des 19. Jahrhunderts entwickelte sich die Grundlagenforschung als Voraussetzung der wissenschaftlichen Medizin. Man entdeckte die pathologische Rolle der Bakterien und Viren und begann sie näher zu erforschen. Man erkannte die wichtigsten Krankheitserreger, darunter den Tuberkulosebazillus und die Syphilis-Spirochäte. Schon in den dreißiger Jahren unseres Jahrhunderts hatte diese Arbeit Früchte getragen. Man hatte die aktive und passive Immunisierung gegen Diphtherie, Tetanus, Lobärpneumonie und andere bakterielle Infektionen entwickelt. Die Systematik der Infektionskrankheiten war Lehrfach geworden. Die Zeit war reif für Sulfanilamide, Penicillin, Streptomycin usw. Doch bleibt zu betonen, daß fünfzig Jahre Grundlagenforschung notwendig gewesen waren, um dieses Niveau zu erreichen. Ohne diese Forschungen hätte man nie daran gedacht, daß es Streptokokken und Pneumokokken gibt oder daß Chemotherapeutika und Antibiotika dagegen helfen könnten. Ohne die lange Tuberkuloseforschung würde man immer noch glauben, daß die Lungenschwindsucht von der Nachtluft kommt und mit Sonnenlicht zu kurieren ist.

Nach fast einem Jahrhundert therapeutischer Skepsis, die an medizinischen Nihilismus grenzte, begann eine neue Ära. Mit den neuen Mitteln konnte man eine ganze Reihe der häufigsten, bisher meist tödlichen Krankheiten heilen: Lungenentzündung, Gehirnhautentzündung, Typhus und seine Abarten, Tuberkulose, Blutvergiftung. Nur die Viren blieben noch unerreichbar, aber einige Viruskrankheiten konnten mit neuen Impfstoffen eingedämmt werden, so Kinderlähmung und Masern.

Man stand überwältigt vor dieser Entwicklung. Als Sulfanilamide und Penicillin aufkamen, war ich noch Student. Ich wollte es zunächst nicht glauben; so etwas war doch nicht möglich. Wir hatten im Grunde schon vor hundert Jahren einen Strich unter die Therapie gemacht. Man hatte uns zur medizinischen Skepsis erzogen. Ausnahmen wie Vitamin B gegen Pellagra, Leberextrakt gegen perniziöse Anämie und Insulin gegen Zuckerkrankheit galten als Anomalien. Die miliäre Tuberkulose (allgemeine Tuberkulose des Körpers) und die subakute bakterielle Endokarditis (Herzentzündung) waren in 100 % der Fälle tödlich. Wir waren überzeugt, daß man am Verlauf solcher Krankheiten nie etwas würde ändern können.

Über Nacht wurden wir Optimisten und Enthusiasten. Die Erkenntnis, daß man Krankheiten heilen kann, wenn man genug über den ihnen zugrundeliegenden Mechanismus weiß, wurde nun das Grundprinzip der Medizin.

Die meisten Leute haben diese Zeit vergessen oder sind zu jung, um sich daran zu erinnern. Sie halten die neuen Methoden für selbstverständlich. Aber man muß immer daran denken, daß die Bewältigung der Infektionskrankheiten durch die Medizin kein bloßer Glücksfall war oder sich mit der Zeit von selbst ergab. Sie war das Ergebnis der langjährigen Arbeit von Gelehrten, von denen keiner an Penicillin oder Streptomycin dachte. Es war reine Grundlagenforschung, die auf Erkenntnis um ihrer selbst willen gerichtet war. Daß ihre Erkenntnisse sozusagen in einer Informationsbank gespeichert und dort später für praktische Zwecke abgehoben werden konnten, war eine Sache für sich.

Es dauerte lange und erforderte viel Arbeit, ehe man verstand, daß es Dinge wie die hämolytischen Streptokokken gibt, mit über vierzig serologischen Typen der hauptsächlichen krankheitsverursachenden Streptokokken, und daß manche von ihnen am akuten Gelenksrheumatismus und an Herzklappendefekten beteiligt sind. Jahrzehnte bakteriologischer und immunologischer Forschung waren notwendig. Um 1930 war man soweit, daß man einen Zusammenhang zwischen akuten Gelenkrheumatismus und Streptokokkeninfektion erkannte.

Erst im Besitz dieser Erkenntnis wurde es gewiß, daß der akute Gelenkrheumatismus verhindert werden konnte, damit auch die häufigste Herzkrankheit junger Menschen. Man mußte nur die Streptokokkeninfektion verhindern. Mühevolle Untersuchungen ermöglichten auch die genaue Erkenntnis der krankheitserregenden Mechanismen der Pneumokokken, Typhusbazillen, Meningokokken und Brucellen (Erreger des Wellen- oder Maltafiebers). Während der ersten drei Jahrzehnte dieses Jahrhunderts waren die Forschungsanstalten mit diesen Problemen beschäftigt. Dann war die Bahn für die Chemotherapeutika und Antibiotika frei.

Bei anderen, nichtinfektiösen Krankheiten hat man es schwerer. Wir haben immer noch Herzleiden, Krebs, Schlaganfall, Geisteskrankheiten, Arthritis, Nierenleiden, Leberzirrhose und die degenerativen Krankheiten des Alters. In den fortgeschrittenen Ländern zählt man fünfundzwanzig Krankheiten dieser Art, in den unterentwickelten Ländern kommt eine noch längere Liste von Krankheiten hinzu, die ihren Ursprung in Parasiten, Viren oder falscher Ernährung haben. Sie bleiben unerledigte Programmpunkte der modernen biomedizinischen Wissenschaft.

Wie soll angesichts dieser Tatsachen die Wissenschaftspolitik aussehen? Die einfachste Antwort, die man in Amerika hören kann, geht dahin, daß diese Krankheiten eben nicht zu bewältigen sind. Man müsse sich mit dem heutigen Wissen bescheiden und das amerikanische Gesundheitswesen auf die in einer unvollkommenen Welt bestmögliche Höhe bringen. Aber wir können uns das nicht leisten. Die Kosten sind zu hoch und steigen von Jahr zu Jahr. Die verfügbaren Maßnahmen reichen einfach nicht aus. Man kann nicht ewig gegen Herzleiden mit Operationen vorgehen, die unter enormen Kosten vorgenommen werden, nachdem das Leiden schon seine Zerstörungen angerichtet hat. Auch können wir den Fragen nicht durch übermäßige Vereinfachung ausweichen, wie es jetzt meines Erachtens geschieht, indem man einen Großteil der heutigen chronischen Krankheiten der Umwelt oder einer falschen Lebensweise zuschreibt. Wir wissen einfach nicht genug auf diesem Gebiet und sollten unsere Unwissenheit zugeben.

So paradox es klingt, hat es trotzdem noch nie eine Periode in der Medizin gegeben, in der die Zukunft so hell erschien. Ungeachtet des Unbehagens der amerikanischen Mediziner über die Mängel der Gesundheitsfürsorge und ihre enormen Kosten ist doch eine Unterströmung von fast wildem Optimismus hinsichtlich der künftigen Möglichkeiten der Medizin zu erkennen, vorausgesetzt, daß man die Ärzte weiter lernen läßt. Die Kreislaufforscher sind überzeugt, daß sie dem Kern der Probleme nahe kommen, und halten die Mechanismen der Herzkrankheiten nicht mehr für undurchdringliche Geheimnisse. Die Krebsforscher streiten zwar öffentlich über die Organisation ihrer Tätigkeit, aber haben doch Einsichten in die innere Funktion normaler und neoplastischer Zellen erarbeitet, die noch vor wenigen Jahren undenkbar waren. Die eukaryotische Zelle, die einen Zellkern besitzt, ist heute ein Laboratoriumsinstrument geworden, das fast ebenso leicht zu handhaben ist wie früher die Bakterienzelle. Man hofft sie nun zur Aufklärung der Mechanismen einsetzen zu können, mit denen Gene ein- oder ausgeschaltet werden, wenn sich Zellen während der Entwicklung differenzieren oder, wie beim Krebs, entdifferenzieren. Man weiß noch nicht, auf welche Weise krebserzeugende Substanzen oder Viren, vielleicht auch andere Faktoren, in die Regelung der Zellfunktion eingreifen, aber die Frage kann dank den Erkenntnissen der letzten zehn Jahre angegangen werden.

Die neurobiologische Forschung ist sehr vielseitig geworden. Das Gehirn erscheint jetzt als ein ganz anderes Organ als vor fünfundzwanzig Jahren. Weit entfernt davon, eine komplizierte, aber auf einfache Vorgänge reduzierbare Masse elektronischer Schaltkreise mit aufgedruckter Verdrahtung zu sein, erscheint es jetzt als ein endokrines Gewebe, in welchem die wesentlichen Reaktionen, der innere Verkehr von nervösen Impulsen, von biochemischen Aktivatoren und den zugehörigen Repressoren gesteuert werden. Die heutigen Methoden des quantitativen Studiums einzelner Nervenzellen sind sehr genau. Man wendet sich jetzt der Untersuchung von Zellkollektiven zu, etwa den Seh- und Hörzentren. Man kann sich kaum ein Problem vorstellen, das nicht untersucht werden könnte. Nur das Bewußtsein kandidiert noch für ewige Unnahbarkeit, aber das gehört mehr in die Philosophie. Niemand hält das Gehirn als solches noch für unerforschlich.

Immunologen, molekulare Biochemiker und die neue

Generation der Zellmembranforscher arbeiten ebenso wie die Genetiker gemeinsam an der Frage, auf welche Weise sich die Zellen differenzieren, was die Entwicklung und Differenzierung lenkt und wie dabei unterlaufende Fehler kontrolliert werden.

So eine Zeit ist in der Forschung noch nicht dagewesen. Ich kann mir nicht vorstellen, daß diese Flut neuer Erkenntnisse nur zum Verständnis der Funktion normaler Zellen, Gewebe und Organismen führen wird. Ich halte es für völlig sicher, daß man damit auch den Mechanismus von Krankheiten erkennen wird.

Nach meiner Ansicht haben sich aus den Untersuchungen der letzten fünfzig Jahre zwei Grundprinzipien zum Thema der Krankheit herausgeschält. Erstens muß man viel über die tieferen Mechanismen wissen, ehe man praktisch etwas tun kann. Man mußte wissen, daß ein Pneumokokkus die Lobärpneumonie bewirkt, ehe man an Antibiotika denken konnte. Man mußte noch nicht alle Einzelheiten kennen, nicht einmal wissen, wie der Pneumokokkus die Lunge schädigt, aber man mußte wissen, daß es ihn gab und er für die Sache maßgebend war.

Zweitens gibt es für jede Krankheit einen Schlüsselmechanismus, der gegenüber anderen Mechanismen dominiert. Wenn man ihn findet und ihm beikommt, kann man die Krankheit überwinden. Diese Verallgemeinerung ist schwerer zu beweisen als das erste Prinzip; man kann gewiß darüber streiten. Es ist mehr eine Ahnung als eine wissenschaftliche Feststellung. Ich meine aber, daß die bisherigen Ergebnisse eine solche Auffassung stützen. Die kompliziertesten multizellulären, die verschiedensten Gewebe und Organe befallenden Krankheiten, die ich kenne, sind tertiäre Syphilis, chronische Tuberkulose und perniziöse Anämie. Bei jeder dieser Krankheiten sind mindestens fünf wichtige Organe bzw. Gewebe in Mitleidenschaft gezogen, von denen jedes den verschiedensten Umwelteinflüssen ausgesetzt ist. Früher war man der Ansicht, es handle sich um eine multifaktorielle Krankheit, die angesichts ihres komplexen Charakters nicht von einem einzigen kausativen Mechanismus herrühren könnte. Als aber alle Tatsachen bekannt waren, wurde klar, daß die ganzen verwickelten pathologischen Mechanismen über einen einzigen Faktor ausgeschaltet werden können: die Spirochäte, den Tuberkulosebazillus oder einen Vitaminmangel.

Ich glaube, daß so etwas für die ganze Zukunft der Medizin gilt. Man wird zweifellos Dutzende von Faktoren finden, die Krebs auslösen können, darunter alle Arten von krebserzeugenden Substanzen (Karzinogenen) in der Umwelt und sehr wahrscheinlich viele Arten von Viren, aber ich glaube doch, daß es da im Zentrum einen einzigen Schalter gibt, von dem alles abhängt. Man muß ihn nur finden. Ich glaube, daß die Schizophrenie sich als neurochemische Störung entpuppen wird, als Entgleisung einer einzigen zentralen chemischen Reaktion. Ich glaube, daß es für den Rheumatismus eine einzige, noch nicht aufgefundene zentrale Ursache gibt. Die zentralen Gefäßfaktoren, von denen der Koronarverschluß, der Herzinfarkt und der Schlaganfall herrühren, sind noch nicht in Sicht gekommen, aber ich glaube, daß es sie gibt und daß sie darauf warten, abgeschaltet zu werden.

Kurz gesagt, glaube ich, daß die hauptsächlichen Krankheiten lösbare biologische Rätsel geworden sind. Man kann beginnen, an eine verhältnismäßig krankheitsfreie menschliche Gesellschaft zu denken. Vor einem halben

Jahrhundert hätte man sich so etwas noch nicht vorstellen können. Merkwürdigerweise klingt es heute fast apokalyptisch. Was wird aus dem Sterben und überhaupt all dieser Bevölkerung, wenn so etwas geschieht? Woran können wir sterben, wenn es keine Krankheiten gibt?

Ich erwidere, daß der Unterschied nicht so groß wäre. Wir würden ungefähr nach demselben Fahrplan altern und uns abnutzen wie jetzt, nur wäre das abschließende Ereignis ein plötzlicher Zerfall und Zusammenbruch wie bei dem schon erwähnten Einspänner von Oliver Wendell Holmes. Der wesentliche Effekt wäre, daß uns in den letzten Jahrzehnten des Lebens keine Krankheiten mehr quälen würden, wie das heute meist der Fall ist. Wir würden eine gesunde Spezies werden, ähnlich wie die gesunden Stämme von Pflanzen und Tieren, die wir züchten. Schlaganfälle, seniler Schwachsinn, Krebs und Rheumatismus gehören nicht zur Natur des Menschen.

Noch ein anderes Argument gegen eine solche Zukunftsschau bedarf der Antwort. Man sagt, wir seien eben im Grunde fehlbare Organismen, bei denen immer etwas schiefgeht, und wenn wir einige Krankheiten beseitigen, werden andere auftauchen, die noch im Dunkel warten. Ich verstehe das nicht ganz, denn es gibt keinen Anhaltspunkt dafür, daß so etwas je passiert ist. Gewiß sind chronische Krankheiten alter Leute jetzt häufiger als zu Beginn des Jahrhunderts, aber das kommt einfach davon, daß die Leute älter werden als früher. Auch ist keine neue Krankheit an die Stelle von Diphtherie, Pocken, Keuchhusten und Kinderlähmung getreten. Da die Natur erfinderisch ist, mögen wohl einmal neue Krankheiten erscheinen, aber nicht auf Grund einer Prädestination, wonach wir soundsoviel Krankheiten haben müssen.

Die Krankheits- und Sterblichkeitsstatistik gibt eher Anlaß zu Optimismus. Die westliche Welt ist bereits die gesündeste Gesellschaft der Weltgeschichte. Vor einem Jahrhundert mußte jede Familie damit rechnen, Angehörige in relativ jungen Jahren zu verlieren. Heute ist ein Todesfall in jüngeren Familien selten geworden. Die durchschnittliche Lebenserwartung des Menschen ist heute die höchste aller Zeiten. Zum Teil geht das gewiß auf bessere Hygiene, bessere Wohnverhältnisse und erhöhten Wohlstand zurück, aber die biomedizinische Wissenschaft hat besonders in neuerer Zeit großen Anteil daran. Nach diesem guten Anfang darf man annehmen, daß es in Zukunft noch besser gehen wird.

Nach dem Gesagten ist es klar, wie das zu erreichen ist. Wir müssen die biomedizinische Forschung weiterführen, in demselben Ausmaß wie in den letzten zwanzig Jahren; wenn neue Themen auftauchen, muß die Forschungstätigkeit noch erweitert werden. Die Forschung kostet Geld, aber insgesamt gibt Amerika heute 140 Milliarden Dollar jährlich für seine Gesundheit aus, und die Forschung kostet nur 3 % davon. Auf die Dauer Medizin mit den jetzigen halben Methoden zu treiben, käme noch teurer. Bis zum Ende des Jahrhunderts würden die Ziffern astronomisch.

Was ich nun noch sage, mag aus dem Mund eines Arztes ungewöhnlich klingen. Die Forschung muß sich auf die biologischen Grundlagen konzentrieren. Sie wird wahrscheinlich bald praktische Anwendungen bringen, die sich mit dem Polio-Impfstoff oder der Polytherapie für Kinderleukämie vergleichen lassen, aber das werden Ausnahmen sein, die sich nicht vorzeitig erzwingen lassen. Zunächst geht es um mehr Grundlagenerkenntnis als

Basis für die Medizin der Zukunft. Größere praktische Programme sind noch nicht möglich, denn wir wissen noch nicht genug.

Zur angewandten Wissenschaft gehört in der Medizin, wie in der Physik, eine sichere Kenntnis der Grundtatsachen und ihrer Bedeutung. So weit sind wir in der Medizin im allgemeinen noch nicht. Wir können auch in diesem Stadium nicht voraussagen, welche neuen Erkenntnisse es sein werden, die sich auf die praktische Medizin auswirken werden. Es ist fast wie ein Glücksspiel, aber das meiste ist nach meiner Ansicht gerade von den Bereichen zu erwarten, wo alles neu und erregend ist, vor allem aber überraschend.

Auf Überraschungen kann man ruhig wetten. Was heute in der Biologie überraschend ist, wird morgen nützlich sein. Das lehrt die Geschichte der Wissenschaft seit zweihundert Jahren. Man kann sich auf diesen Prozeß verlassen. Es ging so in den Anfängen der Chemie, wir sind so zur Elektrizität gekommen. Wir ließen uns von Überraschungen leiten und gelangten so von der Newtonschen Physik zum Elektromagnetismus, zur Quantenmechanik, Geophysik und Kosmologie. In der Biologie waren Evolution und Genetik die ersten Überraschungen. Was in den letzten fünfundzwanzig Jahren hier vorgegangen ist, ist einfach umwerfend. In der Medizin liegen die größten Überraschungen noch vor uns, aber sie warten darauf, entdeckt zu werden.

Ich spreche von einem durchaus praktischen, realistischen Standpunkt. Diese Art Wissenschaft wird am ehesten zu gesundheitlichem Fortschritt führen, dies unter geringen Kosten. Das ist noch einmal hervorzuheben. Wo die Medizin die richtigen Methoden gefunden hat, wie in der

Immunologie, bei den Antibiotika oder der Hormontherapie, also Methoden, die es gestatten, den Krankheitsmechanismus an der Wurzel zu packen, dort sind die Kosten gering geworden. Viel teurer ist eine Medizin, die mit halben Methoden arbeitet oder Löcher stopft, die durch Gewebezerstörung entstanden sind. Je besser wir einen Krankheitsmechanismus verstehen, desto größer werden die Aussichten für Verhinderung oder Heilung der Krankheit.

Ich habe zuletzt noch etwas zur biologischen Wissenschaft zu sagen. Auch wenn es ohne Grundlagenforschung gelänge, dieser oder jener Krankheit Herr zu werden, ohne sie eigentlich zu verstehen (was ich nicht glaube), wäre das Geld für die biologische Forschung nicht verloren. Eigentlich sollte unsere Zeit die beste sein, die der menschliche Geist je erlebt hat. Es ist aber nicht so. Alles mögliche geht entgegen unseren Wünschen, das Jahrhundert gleitet uns durch die Finger und am Ende bleiben unerfüllte Versprechen übrig. Ich will hier kein Rätselraten über die Ursachen unseres kulturellen Mißbehagens anstellen, aber es will mir scheinen, daß es eine große Grundursache gibt: wir wissen nicht genug von uns. Wir wissen nichts von dem gewaltigen System, in das wir eingebettet sind, wir verstehen die Natur im Grunde nicht. Wir haben es weit gebracht, aber nur so weit, daß wir uns unserer Unwissenheit bewußt werden können. Ganz unwissend zu sein, ist nicht so schlimm. Viel ärger ist es, auf halbem Wege zum Wissen zu sein und die eigene Ignoranz zu erkennen. Das ist das Übel unserer Zeit.

Die Erkenntnis ist neu. Vor nur zweihundert Jahren konnten wir mit Hilfe der reinen Vernunft alles erklären — und nun ist diese harmonische Struktur vor unseren Augen zerfallen. Wir stehen sprachlos vor diesem Faktum.

Das ist eigentlich ein Gesundheitsproblem. Solange uns das Geheimnis um uns selbst beunruhigt, solange uns unser unbehagliches Verhältnis zur übrigen lebenden Welt verwirrt, solange wir wie betäubt vor der Unergründlichkeit unseres eigenen Geistes stehen, kann man nicht sagen, daß wir gesunde Tiere in der Welt von heute sind.

Wir brauchen mehr Wissen. Das ist die eigentliche Lehre dieses Jahrhunderts. Wir haben grundlegende Fragen zu stellen gelernt und müssen sie um unserer Zivilisation willen beantworten. Die Antwort können wir nicht mehr in uns selbst suchen, denn da gibt es nicht genug zu suchen. Wir können nicht dort stehen bleiben, wo wir heute stehen, auf dem jetzigen Stand des Wissens. Wir können auch nicht zurück. Wir haben keine Wahl, wir können nur vorwärts gehen. Wir brauchen die Wissenschaft, mehr und bessere Wissenschaft, nicht wegen der Technik, nicht als Zeitvertreib, nicht einmal für Gesundheit und langes Leben, sondern um zu der Weisheit zu gelangen, die unsere Kultur erwerben muß, wenn sie überleben soll.

Richard Grossinger
Wege des Heilens
Vom Schamanismus der Steinzeit zur heutigen alternativen Medizin
14007 / DM 12,80
April 1985
Eine faszinierende Reise zu den Ursprüngen des Heilens: Von Voodoo und indianischer Medizin bis hin zur Homöopathie, Psychotherapie, Bioenergetik und Geistheilung. Systeme der Heilkunst, die außerhalb des gegenwärtig allgemein Anerkannten liegen.

Alan Watts
Die sanfte Befreiung
Moderne Psychologie und östliche Weisheit
14005 / DM 9,80
Februar 1985
„Bücher über den Weg zum Glücklichsein zeigen normalerweise zwei Möglichkeiten auf: die Umstände ändern oder sich selbst ändern. Dieses Buch gehört in keine dieser zwei Kategorien, da der Autor der Meinung ist, daß das tiefste Glücksgefühl durch keine Technik oder Methode erreichbar ist. Obwohl er für sein Buch in Anspruch nimmt, daß es vollkommen anwendungsbezogen ist, nennt es doch keine einzige Anweisung, die man befolgen muß, um glücklich zu werden... Um es ganz grob zu erklären: Es ist in gewissem Maße möglich, glücklich zu werden, ohne irgendetwas dafür zu tun."
Alan Watts

Lewis Thomas
Das Leben überlebt
Geheimnis der Zellen
14006 / DM 9,80
März 1985
Thomas' durchsichtig klare Beschreibung der kybernetischen Gesetze der Materie, für jeden erfaßbar, mag beitragen zu einer tiefen Einsicht in den biologischen Ursprung allen Lebens. Dies Buch ist eine Ode an die Biologie, es quillt über von Informationen über die Verbreitung von Nachrichtensignalen via Duftstoffe, mögliche Kontakte mit Lebewesen aus dem All, es stellt vor, was geschähe, wenn wir alle unbewußten Steuerungen unseres Körpers bewußt übernähmen, und es lehrt uns viel über die Psychologie des Todes.

„Deshalb ist unsere heutige Krise nicht einfach eine Krise der Individuen, Regierungen oder gesellschaftlichen Institutionen; es handelt sich vielmehr um einen Übergang von weltweiten Dimensionen, eine Wendezeit für Individuen, für unsere Gesellschaft und Zivilisation und für das planetare Ökosystem."
(Fritjof Capra, Wendezeit)

„Um uns auf den bevorstehenden großen Übergang vorzubereiten, müssen wir die wichtigsten Prämissen und Werte unserer Kultur tiefgreifend überprüfen, die ihre Nützlichkeit überlebt haben, und einige Werte wiederbeleben, die in früheren Perioden unserer Kulturgeschichte beiseite geschoben wurden."
(Fritjof Capra, Das Tao der Physik)

NEW AGE
MODELLE FÜR MORGEN

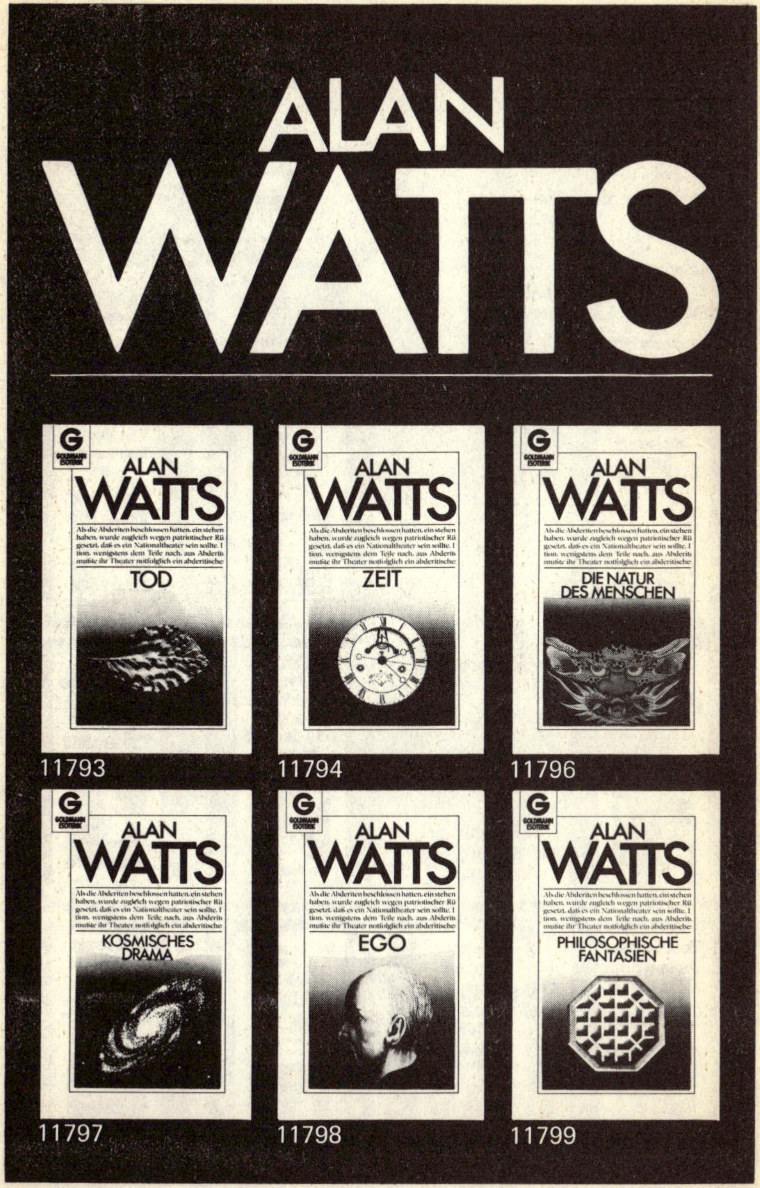
ALAN
WATTS
ALAN WATTS
TOD
11793
ALAN WATTS
ZEIT
11794
ALAN WATTS
DIE NATUR DES MENSCHEN
11796
ALAN WATTS
KOSMISCHES DRAMA
11797
ALAN WATTS
EGO
11798
ALAN WATTS
PHILOSOPHISCHE FANTASIEN
11799